中国水文化建设丛书

水利人的精神家园

——水利系统全国文明单位风采录

水利部精神文明建设指导委员会办公室
中国水利文学艺术协会 编

黄河水利出版社
郑州

图书在版编目 (CIP) 数据

水利人的精神家园:水利系统全国文明单位风采录 / 王经国主编；水利部精神文明建设指导委员会办公室，中国水利文学艺术协会编. —郑州：黄河水利出版社，2013.10

（中国水文化建设丛书）

ISBN 978 - 7 - 5509 - 0547 - 4

Ⅰ.①水… Ⅱ.①王… ②水…③中… Ⅲ.①纪实文学-作品集-中国-当代 Ⅵ. ①I25

中国版本图书馆CIP数据核字（2013）第222659号

组稿编辑：韩美琴　电话：0371-66024331　E-mail:hanmq93@163.com

出 版 社：黄河水利出版社　网址：www.yrcp.com

地址：河南省郑州市顺河路黄委会综合楼14层　邮编：450003

发行单位：黄河水利出版社

发行部电话：0371 - 66026940、66020550、66028024、66022620(传真)

E-mail：hhslcbs@126.com

承印单位：河南省瑞光印务股份有限公司

开本：787 mm × 1 092 mm　1 / 16

印张：14.75

字数：200千字　印数：1—2 100

版次：2013年10月第1版　印次：2013年10月第1次印刷

定价：80.00元

文明之花在水利行业竞相绽放

（序）

精神文明建设工作，是党的群众工作，也是群众自我管理、自我服务和自我完善的工作。

长期以来，水利部党组始终高度重视群众性精神文明创建工作，秉承“创建为了职工群众、创建依靠职工群众、创建惠及职工群众”的理念，引领广大职工群众开展创造美好生活的伟大实践。精神文明创建之花竞相绽放，水利人的精神家园姹紫嫣红。

文明创建工作以社会主义核心价值观的培育和践行为根本。水利系统精神文明建设的过程是社会主义核心价值观培育、凝练和弘扬的过程，是坚持不懈加强理论武装、开展道德实践、弘扬水利行业精神的过程，是引导水利人改造客观世界以及主观世界的过程。

文明创建工作成为推动水利科学发展、和谐发展的高速引擎。水利系统以科学发展为主题，以提高水利支撑和保障能力、促进经济社会发展方式转变为主线，通过深化形势任务教育、创先争优活动、舆论引导工作，凝聚起巨大力量，推动水利科学发展、和谐发展。

文明创建工作肩负起推动水文化发展繁荣的历史重任。水利系统坚持社会主义先进文化的前进方向，充分激发全系统的文化创造力，推进水文化建设实践，推出了很多优秀的水文化产品和服务，文明创建为水利人汲取智慧营养、碰撞思想火花、陶冶道德情操、提升思想境界提供了强大的正能量，有效推进了水利改革与发展。

文明创建工作树立起了水利服务人民、奉献社会的良好形象。水利系统以优良的党风促政风、带行风，始终把实现好、维护好、发展好最广大职工群众的根本利益作为根本出发点，积极推进政务公开和效能建设，加大监督力度，着力解决突出问题。

文明，是一种理想、一种信念、一种精神、一种力量。它内化于心、外化于形，树立起水利行业的良好形象，绽放在水利人的精神家园。我们要按照党的十八大战略部署，以社会主义核心价值体系建设为根本，以发展民生水利为重要契机，将群众性精神文明创建工作不断深化，将行业文明程度和职工群众文明素质不断提升。

为大力宣传中央文明委表彰的新一批23个水利系统全国文明单位，在全系统营造学习先进、崇尚先进、赶超先进的浓厚氛围，我们编辑出版了《水利人的精神家园——水利系统全国文明单位风采录》。此书内容丰富、图文并茂，展示了全国文明单位创建成果和干部职工的精神风貌，荟萃了文明单位的先进经验，可以起到文化熏陶、教育提高、规范养成、示范引导的作用。这是多年来水利系统精神文明建设成果的一次集中展示，凝聚着水利系统精神文明建设工作者的心血和汗水。

是为序。

2013年7月9日

目录

文明花开香两岸　硕果累累满大河

——黄河水利委员会（机关）成功连创全国文明单位纪略

近年来，黄河水利委员会（以下简称黄委）以黄委机关创建全国文明单位为引领，大力深化精神文明创建工作，文明的种子在大河上下生根、发芽、成长，开出了绚丽多彩的文明之花，也结出了累累硕果。目前，全河共有独立创建精神文明单位175个，其中全国文明单位2个，全国水利文明单位8个，省级文明单位82个，黄委文明单位66个，市级文明单位53个，县级文明单位8个，各级文明单位创建率达86.3%。

济南黄河标准化堤防工程建设新貌

强化组织领导　形成创建合力

黄委党组高度重视精神文明建设，始终把精神文明创建工作列入重要议事日程，做到了创建工作有机构、有规划、有经费，做到了创建工作组织领导到位、人员配备到位、资金筹措到位、工作安排到位、措施落实到位，形成了党组统一领导、党政工团齐抓共管、职能部门各负其责、密切配合、统一协调的领导体制和工作机制。

黄委主任、党组书记陈小江明确强调：要大力加强精神文明建设，在全河深化全国文明单位等群众性创建活动。黄委文明委定期召开专题会议对委机关创建全国文明单位工作进行研究部署，稳步推进创建工作。对照全国文明单位创建标准，制订《黄委机关创建全国文明单位实施方案》，明确了工作目标、责任单位和完成时限，确保创建工作落到实处；向委机关及有关单位职工发出500份“文明创建，从我做起”倡议书，营造了浓厚创建氛围；录制电视专题片《活力》，更加详细、直

陈小江主任夜查黄河，慰问巡堤职工

观、生动地介绍了创建情况；建立健全精神文明创建档案，按照水利部和河南省的不同考核标准分别制作了两套档案；加大硬件建设力度，加强办公区和家属区的绿化、美化、净化、亮化，创造出了一个整洁优美的办公环境和舒适和谐的生活环境。

正是得益于领导重视创建，得益于创建组织健全、工作扎实开展，得益于广大干部职工积极主动地参与创建，形成了创建工作的强大合力和动力，为成功连创全国文明单位提供了力量源泉。

抓好基础工程　打牢创建根基

在创建活动中，黄委始终坚持把社会主义核心价值体系作为基础工程和灵魂工程，贯穿到黄河治理开发与管理的各个领域，筑牢广大干部职工团结奋斗的共同思想道德基础。以科学理论武装人，深入开展了学习实践科学发展观活动、创先争优活动、加强机关思想作风建设活动，提高了党员干部的党性修养和理论素养。深入推进学习型党组织建设，以党组中心组学习为龙头，构筑多层次理论学习平台，组织委管领导干部培训、党支部书记培训、处级干部培训、新提拔领导干部廉政培训、青年干部培训等各类学习培训，打造了黄河国际论坛、黄河（季度）学术报告会、黄河讲坛等学术交流品牌，不断提高广大干部的思想政治水平和推动科学发展的实际能力。

黄河人参加西南抗旱打井，心情喜悦

在实际工作中，黄委大力弘扬“献身、负责、求实”的水利行业精神和“团结、务实、开拓、拼搏、奉献”的黄河精神，让行业精神成为广大干部职工奋发向上的精神力量、团结和睦的精神纽带。面对西南地区特大旱灾和甘肃舟曲特大泥石流灾害，黄委组织专业队伍紧急奔赴抗旱、抢险一线，在困难面前敢攻坚，在危险面前不退缩，这种场景催人奋进；八旬老人、黄河水文专家王国安，主动提出将历年精心收藏的236块黄河石，无偿捐赠给黄河博物馆，体现出对黄河的无比热爱和高尚情怀，这种美德令人景仰；黄河中心医院退休职工曹筱娥，20年来捐资16万多元，先后资助了107名贫困学生，从2000年开始坚持每周三、五上午到郑州市金水区顺一社区和管城区残联为社区群众及残疾人义诊，这种奉献使人敬佩……

这些都是黄委扎实推进社会主义核心价值体系建设的生动写照，越来越多的干部职工以自己的实际行动，以自己的优秀表现诠释黄河精神。

丰富活动载体　深化创建内涵

黄委坚持在丰富载体上下功夫，以丰富多彩的创建载体不断深化创

利用传统方式进行黄河防汛

建内涵，形成生动活泼的创建局面。

大力加强黄河爱国主义教育基地建设，制定印发了《黄河爱国主义教育基地管理暂行办法》。建成郑州花园口、黄河博物馆、龙门水文站等十大黄河爱国主义教育基地，打造出了有文化内涵、文化品位的黄河工程和景区，每年组织青年干部职工到黄河爱国主义教育基地参观学习，接受爱国、爱河、爱岗教育。

全面构建“黄委文明单位”、“青年文明号”、“文明工地”等文明建设新格局，以点带面，促进工作作风的整体转变和文明程度的全面提升。

深入开展“倡导文明办公、建设文明机关”、“资源节约我带头”、“文明创建，从我做起”等活动，推进干部职工文明意识进一步增强，文明素养进一步提高，文明习惯进一步养成。

传承弘扬黄河文化，成立了黄河文化研究会，举办了黄河文化论坛，“黄河号子”入选第二批国家级非物质文化遗产，配合水利部、中国作家协会开展“行走黄河看水利”采风活动，黄河文化理论研究及工

非物质文化遗产——黄河号子表演

作实践也不断向纵深展开。

2009年以来先后组织了“送温暖、献爱心”，“救助困难党员”，“捐赠一瓶矿泉水”，“文明结对帮扶”，“温暖冬天·希望工程爱心大动员”等活动，向社会充分展现了黄委职工良好的精神风貌。

坚持共建共享　助推事业发展

坚持以人为本、人人参与创建活动、人人共享创建成果的工作方法，进一步统一了黄委广大干部职工的思想认识，凝聚了团结治河的力量，激发了科学治河的热情，营造了和谐治河的氛围。实施《专业技术人员破格获取专业技术任职资格暂行规定》，打造专业技术人才职称晋升“直通车”，给优秀人才提供了更好的成长平台；推进职工重大疾病医疗救助机制建设，初步建立困难职工帮扶救助机制，解除了广大职工的后顾之忧；黄河老年大学运行良好，使老同志老有所养、老有所乐、老有所学、老有所为；开展群众性文体活动，迎国庆革命歌曲演唱会、“我的青春我们的黄河”五四主题活动、摄影展、书法展等文化活动丰富多彩，乒乓球、羽毛球、长跑、游泳等体育比赛空前活跃，进一步满足了干部职工的精神文化需求，幸福指数日益提高。

创建活动的蓬勃开展助推了治黄事业科学发展，治黄事业的科学发展又为创建活动奠定了坚实基础。黄河治理开发与管理各项工作扎实推进，先后获得了“第四届中华宝钢环境优秀奖”、“全国五一劳动奖状”、“中国建设工程鲁班奖”、“全国抗震救灾英雄集体”、“新加坡李光耀水源荣誉大奖”、“国家科技进步一等奖”、“全国五五普法先进单位”等荣誉称号。

精神文明创建只有起点，没有终点。黄委机关作为全河精神文明创建工作的领头雁，将着力在巩固、提高、延伸、辐射上下功夫，继续保持创建活动的生机和活力，以精神文明建设的新成果推动治黄事业发展不断取得新成就。

● 链接

黄委获省部级以上荣誉称号光荣榜

1. 2008年4月，中华全国总工会授予黄委机关工会“全国模范职工之家”称号

2. 2008年5月，国家审计署授予黄委“全国内部审计工作先进单位”称号

3. 2008年9月，中国水利工程协会授予黄委郑州黄河标准化堤防工程中国水利优质工程大禹奖

4. 2008年9月，中国水利工程协会授予黄委东平湖综合治理工程中国水利优质工程大禹奖

5. 2008年10月，中共中央、国务院、中央军委授予黄委抗震救灾工程抢险队“全国抗震救灾英雄集体”称号

6. 2008年10月，大禹水利科学技术奖奖励委员会授予黄委“维持黄河健康生命的研究与实践”大禹水利科学技术奖一等奖

7. 2008年12月，住房和城乡建设部、中国建筑业协会授予黄委山东济南黄河标准化堤防工程中国建设工程鲁班奖

8. 2008年12月，中国出版工作者协会授予黄委《人民治理黄河六十年》一书“第二届中华优秀出版物奖（图书奖）”

9. 2009年1月，中央精神文明建设指导委员会授予黄委（机关）“全国文明单位”称号

10. 2009年3月，中共中央宣传部、司法部、全国普及法律常识办公室授予黄委“全国‘五五’普法中期先进单位”称号

11. 2009年4月，中华全国总工会授予黄委水文局“全国五一劳动奖章”称号

12. 2009年9月，中共中央组织部授予黄委机关离退休干部党委

第一党支部“先进离退休干部党支部”称号

13. 2009年11月，大禹水利科学技术奖奖励委员会授予黄委“黄河下游长远防洪形势和对策研究”2009年大禹水利科学技术奖一等奖

14. 2009年11月，大禹水利科学技术奖奖励委员会授予黄委“多沙河流洪水演进与冲淤演变数学模型研究及应用”大禹水利科学技术奖一等奖

15. 2009年12月，国务院授予黄委“黄河水资源统一管理与调度”2009年国家科学技术进步奖二等奖

16. 2010年3月，李光耀水源荣誉大奖评审委员会授予黄委新加坡李光耀水源荣誉大奖

17. 2010年11月，国务院授予黄委“黄河调水调沙理论与实践”2010年国家科学技术进步奖一等奖

18. 2010年11月，大禹水利科学技术奖奖励委员会授予黄委“黄河下游游荡性河道河势演变机理及整治方案研究”大禹水利科学技术奖一等奖

19. 2010年11月，河南省人民政府授予黄委“黄河多沙粗沙区分布式土壤流失模型及工程应用研究”2010年度河南省科技进步奖一等奖

20. 2011年4月，中华全国总工会授予黄委山东黄河河务局“全国五一劳动奖章”

21. 2011年4月，中华全国总工会授予黄委河南黄河河务局“全国五一劳动奖章”

22. 2011年5月，中华全国总工会授予黄河工会黄河流域水资源保护局委员会“全国模范职工之家”

23. 2011年11月，大禹水利科学技术奖奖励委员会授予黄委“黄河环境流研究”2011年大禹水利科学技术奖一等奖

24. 2011年12月，黄委（机关）连创“全国文明单位”

25. 2011年12月，中央精神文明建设指导委员会授予黄委淄博黄河河务局“全国文明单位”称号

新的创建　新的跨越

——小浪底水利枢纽建设管理局第三次
创建全国文明单位活动纪实

春天的小浪底，鸟语花香，碧波荡漾。小浪底大坝在绿色花草和碧蓝水域的簇拥下，静静绽放着橘红色光芒，悠然阐释着炎黄子孙千百年的梦想。而建设管理着这座民生工程的全体小浪底人，此刻则是激情飞扬。

因为，这已经是第三次，小浪底水利枢纽建设管理局（以下简称小浪底建管局）被中央精神文明建设指导委员会评为“全国文明单位”！

小浪底水利枢纽鸟瞰

激动的微笑打湿了眼角，无数小浪底人掩饰不住内心的自豪。

回望昨日，2005年，北京人民大会堂，全国精神文明建设工作表彰大会上，小浪底建管局的代表首次从中央领导手中接过“全国文明单位”的奖牌，实现小浪底建管局精神文明建设的第一次跨越。2008年，小浪底建管局蝉联第二次全国文明单位，实现了第二次跨越。

而今，2011年底，第三次“全国文明单位”的光环再次照耀小浪底建管局，再次照耀值守在黄河两岸的每一个小浪底人。

大浪淘沙真金现。面对众多企事业单位你争我赶的汹涌大潮，小浪底建管局究竟如何勇立精神文明建设的潮头，实现新的创建、新的跨越呢？

自我加压　加深认识再提高

小浪底人从自己的切身实践中认识到，精神文明建设是发展中国特色社会主义事业的必然要求，是开创中国特色社会主义水利事业新局面的重要手段，是企事业单位永葆活力的精神支撑。

“励精图治、追求卓越”是小浪底人在20年的工程建设和管理过程中千锤百炼的精神品质。“逆水行舟，不进则退。”两次全国文明单位的精心创建，小浪底建管局的文明建设已达到了一个新水平，上了一个新台阶。但小浪底人并没有满足现状，而是继续发扬这种精神，自我加压，在现有成绩的基础上，继续

局长接待日

和地方共建精神文明

巩固、深入、创新和提高，努力使全局的精神文明建设百尺竿头更进一步，向着更高层次迈进。

领导班子一次次深入研究，一层层集中宣讲，工作计划一年年安排部署，领导干部个个率先垂范，将精神文明创建与其他工作同研究、同布署、同落实、同检查、同考核。全局广大干部职工，认识到位、思想统一，形成了重视精神文明建设、投身精神文明建设的良好氛围；形成了党委统一领导、精神文明建设领导小组具体负责、党政工团齐抓共管、全员参与，一级抓一级、层层抓落实的精神文明创建不断深化的工作格局。

固本强基　选好载体再教育

固本先需强基。推进精神文明建设最根本的任务是提升干部职工的文明素养，提升文明素养的关键是选好载体，打动人心。

小浪底建管局以“人才强局”、“科技兴局”为统领，选好载体提高教育的针对性和实效性。

——有计划地开展读书学习活动，选择经典书籍，引导阅读，检查笔记，撰写感想。

——开展“请进来”和“走出去”培训，选派干部到水利部、河南省党校学习，组织科级以上干部赴浦东、井冈山、延安干部学院轮训，选派干部赴国外攻读学历，邀请知名学者举行每月1次大型系列讲座。

——开展岗位知识能力体系建设，每年从思想意识和态度、知识、能力三方面着手推进，年底组织考试，检验成果。

——开展科技创新教育，全局每3年召开一次科技工作会议，评选先进项目和个人，鼓励职工钻研科学技术。

——开展有针对性的主题思想教育，除完成上级组织安排的统一教育活动外，小浪底建管局还紧密结合自身实际，组织了“一个职工一个形象、一个党员一个榜样、一个党员领导干部一面旗帜”、“文明言行、文明办公、文明环境、文明家庭”、“艰苦奋斗”、“品行管理”、“做最有用的好员工”等主题教育活动。

组织开展“六个一”主题教育活动

——开案典型案例教育，定期组织召开案例剖析会议，总结经验、查找不足、整改提高。

……

良好的载体，针对性的教育，显著的成效，为精神文明建设提供了强有力的人才支撑。

精化细化　狠抓落实再深入

站在第二次全国文明单位创建的高起点上，小浪底人将创建的重点放在了精化细化上，以“精细化管理”为总体要求，狠抓细节和落实。

——安排部署系统化。每年召开全局党建工作会议，对精神文明建设进行全面部署；每月一次的局务会议上，将精神文明建设作为重要内容，听取汇报，给予指导；每季度一次的政工例会上，及时传达精神，专题听取汇报，安排部署工作。

——以人为本聚力量。小浪底建管局的领导把切实解决职工的困难和问题、逐年提高职工的收入、改善职工生活条件放在重要位置上抓实抓细。此外，还建起了具有现代化功能完备的职工活动中心、室内网球场等设施，组织职工运动会，定期开展群众文化活动。

强大电流输入河南电网

——民主管理促和谐。坚持职工代表大会制度，实行信息沟通交流、情况通报、局长接待日等。

——心理疏导正心态。强化思想政治工作力度，教育引导职工妥善处理好个人与单位、人与人之间的关系，正确面对工作中的各种难题和困惑，让职工始终保持积极向上乐观的阳光心态。

——完善制度约束行为。将精神文明制度与其他制度一起定期进行修订和完善，形成一套内容科学、程序更加严密、配套更加完备、有效管用的制度体系，强化了制度在精神文明创建中的约束力和规范力。

——监督检查保成效。将精神文明建设工作目标作为部门（单位）季度工作绩效考核和干部职工年度考核的重要内容，严格进行，考核结果与评先挂钩、与收入挂钩、与选拔任用挂钩。

持续推进　文化建设再引领

文化建设具有强烈的引领、凝聚、约束和激励作用，是一个单位精神文明程度的有效体现。

小浪底人根据2004年构建的全局建设和发展的理念、行为、制度与物质文化系统，分导入期、深化期、推广期、调整期四个阶段稳步推进：加强理念宣传一以贯之，大力弘扬“励精图治、追求卓越”的企业精神和“锐意进取、严谨求实、雷厉风行、迅捷高效”的企业作风；注重典型引路，加大对先进集体、优秀个人、典型事迹的宣传力度，教育职工发扬艰苦奋斗和改革创新精神；悬挂局旗、佩戴局徽、传唱局歌，引导职工爱局爱岗；构建文化体系，将安全文化、廉政文化、制度文化融入文化体系建设，丰富文化内涵。

2011年，小浪底人在完成了自己规划的文化建设四个阶段的工作之后，又从文化的可持续性和企业发展的更高层次需求出发，开始了新一轮的文化推进工程，将文化建设提升到文化管理的新阶段。

人们惊喜地发现，润物细无声的持续文化建设，逐步培养了小浪底人的文化自觉和文化自强。

提升品位　文明环境再美化

建设优美的环境是精神文明创建的必然要求，也是生态文明的切实体现。小浪底人在管理区已经大面积绿化的基础上，从人与自然和谐相处的要求出发，进一步把工作重点放到提升环境的品位和层次上。

根据枢纽管理区各部位的功能，对环境建设进行重新规划，引进优良树种，建造假山楼阁、拱桥、山亭、曲桥汀步、工程雕塑广场、工程文化广场等，形成独特的水利风景。

——强化办公室卫生管理，提出明确标准和要求；适度进行

小浪底水库大坝风光

办公室环境美化，配备绿植花卉，定期专业养护；每季度集中进行办公室文明创建检查，保持职工办公区域干净整洁、明亮舒适、文化氛围浓厚。

——绿化美化居住小区，修建休闲锻炼设施，规范车辆停放和物品摆放，强化物业保洁，凡到过这里的人，都会看到职工居住小区绿树成荫、花香四溢，给人留下舒适和谐的感觉。

勇担重任　社会形象再提升

树立大局意识，履行社会责任，是企事业单位的职责所在，也是精神文明建设的重要内容。小浪底人始终将履行社会责任作为第一职责，树立了良好的社会形象。

小浪底人始终将自己管理的水利枢纽定位于造福华夏的“民生工程”，坚持安全第一、公益性优先原则，做到水资源的统一调度、电调服从水调，发挥了水利枢纽巨大的社会、生态效益和经济效益：调水调沙，黄河下游河道过流能力明显改善；通过合理调度，黄河连续多年不断流、下游凌汛威胁基本解除；引黄济青（岛）、引黄济（天）津、引黄济（白洋）淀、引黄抗旱，一次次解除下游燃眉之急；调峰调频，为华中电网提供了强大的绿色能源。

小浪底人严格要求自己，连续多年计划生育率100%，无重大责任质量事故，领导班子无违法违纪案件，全体职工无严重违法违纪案件及刑事案件，无“黄、赌、毒”等丑恶现象，无邪教活动，无重大失、泄密事件，无群体性事件。

小浪底人热心公益事业，积极向贫困地区、灾区捐款捐物，对口支援、帮扶。

精神文明创建是一项永不间断的活动，是永葆小浪底人青春活力的驱动器。

献身、负责、求实；励精图治，追求卓越。勇立精神文明建设潮头的小浪底人将继续发扬这种精神，永不懈怠！永不止步！

● 链接

小浪底建管局荣获省部级以上荣誉称号

2005年

1.小浪底建管局获中央精神文明建设指导委员会授予的“全国文明单位”称号

2.小浪底建管局被水利部授予“黄河水调先进集体”称号

3.小浪底建管局被水利企业协会评为“全国优秀水利企业”

4.电厂团支部获团省委授予的 “河南省五好团支部”称号

5.西霞院项目部党支部获河南省委授予的“五好党支部”荣誉称号

6.西霞院项目部分工会获中华全国总工会授予的“模范职工小家” 荣誉称号。

2006年

1.小浪底建管局获河南省人民政府授予的“2005年度诚信纳税大户”称号

2.小浪底建管局获水利部授予的“全国水利系统水资源工作先进集体”称号

3.职工医院获共青团河南省委授予的“河南省青少年学习型组织”称号

4.党委工作处获水利部授予的“全国水利系统新闻宣传工作先进集体”称号

5.西霞院团支部获共青团河南省委授予的“河南省五四团支部”称号

6.西霞院项目部获水利部授予的“全国水利建设与管理先进集体”称号

7.旅游公司小浪底接待中心获共青团河南省委授予的“河南省青年文明号”称号

8.局团委获共青团河南省委授予的“团员意识教育活动优秀组织奖”

9.电厂团支部获共青团河南省委授予的“团员意识教育活动优秀组织奖”

2007年

1.小浪底建管局获河南省总工会授予的“河南省学习型组织先进单位”称号

2.小浪底建管局获河南省劳动和社会保障厅授予的“2006年度省直统筹养老保险工作先进单位”称号

3.小浪底建管局政研会获中国水利职工思想政治工作研究会授予的“2006—2007年度全国水利系统优秀政研会”称号

4.小浪底建管局西霞院项目部获共青团河南省委授予的“2006年度河南省青年文明号”称号

5.小浪底建管局电厂运行室获河南省总工会授予的“学习型组织先进班组”称号

6.小浪底建管局服务中心党支部获河南省委直工委授予的“五好党支部”称号

7.小浪底建管局服务中心团支部获共青团河南省委授予的“河南省五好团支部”称号

8.小浪底旅游开发公司河南省小浪底宾馆获河南省总工会授予的“女职工工作标兵岗”称号

2008年

1.小浪底建管局西霞院项目部获水利部授予的“全国水利科技工作先进集体”称号

2.小浪底工程咨询公司获国务院南水北调工程建设委员会办公室授予的南水北调工程2006年、2007年度“文明监理单位”称号

2009年

1.小浪底建管局第二次荣获中央精神文明建设指导委员授予的“全国文明单位”荣誉称号

2.黄河小浪底水利枢纽工程获中国水利工程协会颁发的“中国水利工程优质（大禹）奖”、中国建筑业协会颁发的新中国成立60周年“百项经典建设工程”和国际大坝委员会颁发的“国际堆石坝里程碑工程奖”

3.小浪底建管局获国家体育总局授予的“2008年全民健身活动优秀组织奖”

4.小浪底建管局驻济源市砚瓦河村第三批工作队获中共河南省委、河南省人民政府授予的“2008年河南省新农村建设帮扶工作先进集体”称号

5.小浪底工程咨询公司穿黄工程建设监理部获国务院南水北调工程建设委员会办公室授予的“南水北调工程建设质量管理先进集体”称号

2010年

1.黄河小浪底水利枢纽工程获中国建筑业协会颁发的“中国建设工程鲁班奖(国家优质工程)”

2.黄河小浪底水利枢纽工程获中国土木学会、詹天佑土木工程科技发展基金会授予的“第九届中国土木工程詹天佑奖”

3.小浪底建管局获全国绿化委员会授予的“全国文明绿化模范单位”称号

4.黄河小浪底旅游开发公司景区接待中心获共青团中央、水利部授予的“全国青年文明号”

5.小浪底工程咨询有限公司穿黄工程建设监理部获国务院南水北调工程建设委员会办公室授予的“2009年南水北调工程建设安全生产管理优秀单位”和“2009年南水北调工程建设质量管理先进集体”称号

2011年

1.小浪底建管局获中央精神文明建设指导委员授予的“第三届全国文明单位”称号

2.黄河小浪底水利枢纽工程获中国土木工程协会颁发的“百年百项杰出土木工程” 称号

3.小浪底建管局获中华全国总工会、国家体育总局授予的“全国职工体育示范单位”称号

4.小浪底爱国主义展厅获水利部、共青团中央授予的“2009—2010年度全国青年文明号”

5.水力发电厂获河南省总工会授予的“五一劳动奖状”

文明创建引航　事业乘风破浪

——水利部水文局（水利信息中心）创建全国文明单位活动纪实

提起水文工作，社会上许多人并不知晓。其实，水文是一个古老的行业。水文工作通过对自然界中水的数量和质量以及水生态、水环境状况在时间和空间上的分布与变化进行监测分析研究，为保障国家防洪安全、供水安全、粮食安全、生态安全，促进经济社会科学发展，提供及时准确的水文信息服务。

作为对全国水文工作行使行业管理职责的水利部水文局（水利信息中心）始终坚持“两手抓、两手硬”，以文明创建工作助推水文和水利信息化事业不断迈上新台阶，2000年以来一直保持全国水利文明

大力加强水文文化建设

单位称号，连续6年被授予中央国家机关文明单位标兵、首都文明单位标兵荣誉称号，2009年、2011年连续两次被评为全国文明单位。

明晰思路　推动事业科学发展

近年来，水利部水文局（水利信息中心）始终坚持把破解发展难题、树立科学发展理念作为推动水文和水利信息化事业发展的首要任务，各项工作取得新突破。

水文事业是国民经济和社会发展的基础性公益事业。长期以来，由于种种原因，水文行业基础薄弱、工作封闭、思想保守、服务面窄，已远远不能满足水利建设和经济社会发展的需要。水文局领导班子认为，水文要突破发展瓶颈，必须坚持以马克思主义中国化最新理论成果指导水文实践，进一步统一思想，转变思路。于是，他们结合开展学习实践科学发展观活动，认真总结水文发展经验教训，深入开展解放思想大讨论，组织干部职工深入基层调查研究，积极开展理论研讨，及时把水文实践中的新认识、新做法、新经验升华到理论层面。大家深深地认识到，水文事业要实现跨越式发展，必须走“大水文”发展之路，加快推进水文从侧重局部建设向注重整体发展转变，从技术导向型向服务导向型转变，从数据服务型向成果服务型转变，从行业水文向社会水文转变。如今，“大水文”发展理念已在水文行业深入人心，并且得到了水利部党组的充分认可。近年来，通过在实践中不断摸索和完善，“大水文”发展理念的理论框架日臻完善，有力地推进了水文工作，水文行业面貌焕然一新，初步走出了一条符合我国国情的水文事业发展新路子。

抓好队伍　增强自身服务能力

近年来，水利部水文局（水利信息中心）始终坚持把加强队伍建设、增强干部职工综合素质和干事创业能力作为文明创建工作的重中之重，为水文和水利信息化事业发展提供了坚强保证。

陈雷部长看望唐家山堰塞湖水文突击队员

深入开展创先争优活动。大力开展岗位练兵，积极推行雷锋岗、党员示范岗和承诺制，开展“比创新争当发展楷模、比奉献争创一流业绩、比实效争创优秀支部、比学习争做学习表率、比敬业争当业务模范、比素养争做文明标兵”等活动，引导干部职工立足本职岗位，思发展、谋发展、促发展、争先进。水文局党委及其所属的第五党支部分别被授予“水利部直属机关创先争优活动先进基层党组织”称号，3名党员被授予“水利部直属机关创先争优活动先进个人”称号。

广泛开展学习型组织建设。坚持以中心组为龙头、以支部为基础、以党员为主体的理论学习制度，不断提高党员干部的政治理论水平。坚持请进来，定期举办技术论坛和业务交流，邀请国内外学者专家来单位授课交流，两年来共举办技术讲座和业务培训班25个，参加人员650多人次。坚持走出去，制定了《在职职工教育管理办法》，积极鼓励职工在职学习，选派青年科技人员出国深造。现有16名职工在职攻读博士、硕士研究生。该局还十分注重学习载体创新，不断尝试利用网络开展学习教育活动，较好地解决了工学矛盾，2011年第8期《紫光阁》杂志以《网络学习“尝甜头”》为题介绍了他们的有关做法。近年来，该局有一名职工入选“新世纪百千万人才工程”国家级人选、两名职工入选水利部“5151人才工程”部级人选。2005年以来，先后获得国家科技进步二等奖1项，大禹水利科技进步特等奖2项、一等奖5项、二等奖1项、三等奖1项。

大力加强机关作风建设。每年邀请全国优秀基层水文职工进京与该局干部职工进行座谈，大力宣传他们的先进事迹，增进了干部职工对基层的了解，增强了做好本职工作的责任感。开展了向偏远基层水文站赠送卫星设备活动，大大改善了基层水文职工的业余文化生活，密切了与基层的联系。2011年底，该局与中央媒体联合开展了“基层水文站调研”和“新春走基层”活动。特稿《行万里路探水文情》、《默默芬芳最动人》得到了水利部领导的高度评价，在社会上也引起了广泛关注；《新春走基层——冰河观测者的一天》节目在央视新闻频道和新闻联播中播出，得到广泛好评。

创新载体　提升文明创建水平

近年来，水利部水文局（水利信息中心）始终坚持把狠抓文明“细胞工程”建设、创新载体作为调动干部职工参与文明创建工作的积极性的重要手段，取得显著成效。

加强文明“细胞工程”建设。持续开展文明处室创建活动，2006年以来先后评选表彰了6批文明处室，并给予一定的物质奖励。深入开展“创建文明机关，争做人民满意公务员”活动，并被评为中央国家机关“创建文明机关，争做人民满意公务员”活动先进单位。在全局青年集体中开展“青年文明号”创建活动，网络中心和通信运行维护中心分别被授予“全国青年文明号”和“中央国家机关青年文明号”荣誉称号。充分发挥工青妇群团组织的桥梁和纽带作用，开展“五好文明家庭”、巾帼建功立业、家庭廉政文化建设等各具特色的文明创建活动。近年来，该局妇工委先后被授予全国抗震救灾先进妇女组织、巾帼建功先进集体等荣誉称号，一名青年职工被评为中央国家机关十大杰出青年，两个职工家庭先后被授予全国“五好文明家庭”称号。

水文局网络中心被授予“青年文明号”荣誉称号

创新文明创建活动载体。多年来，该局积极探索文明创建活动的有效形式，针对不同群体开展了形式多样的主题活动。坚持为入党50周年的老党员过“政治生日”，定期组织党员开展主题教育活动；每年八一建军节举办军转干部座谈会，定期举办离退休干部情况通报会和离退休职工书画展览；积极开展各种体育活动和文化娱乐活动等。坚持以人为本，关心群众，坚持每年定期为职工体检、送生日礼物，对老同志、老党员以及生病住院、产妇和生活困难职工进行走访慰问等制度，千方百计为职工办好事、办实事，在全局营造团结互助、和谐文明的良好氛围。2012年4月，该局一位职工家里失火，不但家庭财产全部焚毁，而且还波及十余户邻居，使该职工一时陷入日常生活困难和承担巨额赔偿的困境之中。全局干部职工自发掀起捐助活动，在短短的几天时间里，捐款近14万元，使该同志缓解了燃眉之急。

通过开展文明创建活动，职工的文明素质明显提升，综合能力和业务水平显著提高，在关键时刻发挥了重要作用。特别是在甘肃舟曲特大山洪泥石流灾害发生后，水文局在不到1小时内即完成了

局领导走访慰问老干部

“甘肃舟曲山洪泥石流概况及雨水情分析”成果，为各级领导及时提供重要的基础信息。第一时间向灾区派出了水文应急监测突击队，及时开展应急监测工作，为有关部门提供了大量的雨水情信息和预测预报成果。近年来，水文局有多人获得“全国防汛抗旱先进个人”、“全国水利抗震救灾先进个人”、“水利部直属机关优秀共产党员”等荣誉称号。

携手共建　自觉履行社会责任

近年来，水利部水文局（水利信息中心）始终坚持把“奉献爱心、回报社会”作为文明创建活动的重要内容，与地方携手共建，积极参与各种社会公益活动，为构建和谐社会贡献力量。

积极开展“城乡统筹，文明先行”文明共建活动。2009年，该局与北京市房山区佛子庄乡中心小学确立了结对共建关系，先后投入13万余元为该校购置了多媒体数字图书馆软件以及一大批文具和体育健身器材，建成了“教工之家”。邀请60多名师生代表到水文局参观、交流，选派6名具有专业特长的青年干部作为6个年级的课外辅导员，定期开展课外辅导活动，向学生们普及水利和水文知识，极大地提升了双方的文明创建水平。

深入开展定点帮扶活动。近年来，该局向水利部定点扶贫县——重庆市武隆县捐资10万元用于水利建设。自2010年开始，开展了“51”捐资助学工程，通过职工个人捐款，每年向该县50名品学兼优、家庭困难的高三学生每人捐助1000元。两年来，全局干部职工共捐款10万元，资助了100名学生，受资助的学生高考升学率超过90%，其中重点大学升学率超过70%。

水利部水文局与北京市房山区佛子庄乡中心小学开展共建活动

大力开展社会公益活动。该局积极引导干部职工弘扬中华民族“一方有难、八方支援”的优良传统，大力开展“送温暖、献爱心”等社会捐助活动。据统计，近五年来，该局干部职工在向实行计划生育的贫困母亲献爱心、西南地区大旱、汶川地震、玉树地震、舟曲泥石流灾害等公益捐助活动中，累计捐款达50余万元。

加强指导　促进行业文明建设

一枝独放不是春，百花争艳春满园。在精神文明建设中，水利部水文局（水利信息中心）始终坚持把提高全行业的文明素质、将水文行业建成文明行业这一目标而不懈努力。

以弘扬水文行业精神助推行业文明创建活动。水文是一个艰苦行业，长期以来，广大水文工作者顶风雨，斗恶浪，恪尽职守，无私奉献，为水利和经济社会发展作出了巨大贡献。为集中展现水文职工的精神风貌和水文行业的价值理念，该局凝练提出了“求实、团结、奉献、进取”的水文行业精神，并在全系统大力弘扬。先后制定了《全国文明水文站创建管理暂行办法》和《水文专业从业人员行为准则（试行）》，深入开展“全国文明水文站”创建活动，评选表彰了100个文明水文站，水文行业文明程度显著提升。先后举办了五届全国水文勘测技能竞赛活动，有力地促进了全国水文职工业务素质的提高，被劳动和社会保障部授予“国家技能人才培育突出贡献奖”。

以文化建设引领水文行业文明创建工作。近年来，该局始终把加强水文行业文化建设作为一件大事来抓，在每年召开的全国水文工作会议上坚持与业务工作同部署、同推进。先后征集启用了水文行业标志，统一了国家基本水文测站标牌，进一步提升了水文的社会形象。他们还充分利用中国水利政研会水文学组这个平台，每年组织水文系统开展水文文化课题调研，定期举办水文文化论坛、水文文化建设座谈会等活动。今年以来，为进一步加强和推动全国水文文化建设，制定印发了《关于加强水文文化建设的指导意见》，启动了全国水文文学作品专集的编辑出版工作，开展了全国水文系统摄影大赛等一系列文化建设活动。

通过采取一系列措施，有力地促进了水文行业精神文明建设。目前全国有3个水文单位荣获全国文明单位称号，14个单位被评为全

长江水利委员会水文局荆州市水文站自记台

国水利文明单位，2个单位获得全国“五一劳动奖状”，涌现出以张宇仙、谢会贵、唐训海等为代表的一大批模范人物。特别是在2008年水利抗震救灾、2010年应对甘肃舟曲特大滑坡泥石流灾害中，水文部门发扬“特别能吃苦、特别能忍耐、特别负责任、特别能奉献”的作风，全力以赴投入救灾工作，作出了重要贡献，受到各级领导的高度评价。

水文突击队员飞赴汶川灾区

成绩成为过去，未来任重道远。在支撑民生水利建设和服务经济社会发展的新征程中，水利部水文局（水利信息中心）广大干部职工将以更加饱满的精神状态、更加扎实的工作作风、更加务实的工作态度，不断深化文明创建活动，谱写精神文明建设新篇章，全力推进水文和水利信息化事业更好更快发展，为全面建设小康社会再立新功！

● 链接

水文局（水利信息中心）获省部级荣誉称号光荣榜

2008年

1.被中央国家机关精神文明建设协调委员会授予“2007年度中央国家机关文明单位标兵”称号

2.被首都精神文明建设指导委员会授予“2007年度首都文明单位

标兵”称号

3.被中央国家机关社会综合治理领导小组办公室授予“2007年度中央国家机关平安单位”称号

4.科技教育处被水利部授予“全国水利科技工作先进集体”称号

5.被水利部授予“全国水利抗震救灾先进集体”称号

6.被全国妇联授予“全国抗震救灾先进妇联组织”称号

7.被中央国家机关工委授予“中央国家机关‘创建文明机关争做人民满意公务员’活动先进单位”称号

8.被水利部直属机关党委授予“水利部直属机关抗震救灾先进基层党组织”称号

2009年

1.被中央精神文明建设指导委员会授予“第二届全国文明单位”称号

2.被中央国家机关精神文明建设协调委员会授予“2008年度中央国家机关文明单位标兵”称号

3.被首都精神文明建设指导委员会授予“2008年度首都文明单位标兵”称号

4.被中央国家机关社会综合治理领导小组办公室授予“2008年度中央国家机关平安单位”称号

5.被中央国家机关工会联合会授予中央国家机关“五一劳动奖状”

6.网络中心被中央国家机关团工委授予中央国家机关“青年文明号”

7.被水利部确认为自2000年以来的“全国水利文明单位”

2010年

1.被中央国家机关精神文明建设协调委员会授予“2009年度中央国家机关文明单位标兵”称号

2.被首都精神文明建设指导委员会授予“2009年度首都文明单位标兵”称号

3.被首都精神文明建设指导委员会授予“2009年度首都文明单位标兵五连冠”称号

4.网络中心被人力资源和社会保障部、水利部授予“全国水利系统先进集体”称号

2011年

1.被中央精神文明建设指导委员会授予“全国文明单位”称号

2.被中央国家机关精神文明建设协调委员会授予“2010年度中央国家机关文明单位标兵”称号

3.被首都精神文明建设指导委员会授予“2010年度首都文明单位标兵”称号

4.水情处被国家防汛抗旱总指挥部、人力资源和社会保障部、中国人民解放军总政治部授予“全国防汛抗旱先进集体”称号

5.网络中心被水利部、共青团中央授予全国“青年文明号”

6.通信运行维护中心被中央国家机关团工委授予中央国家机关“青年文明号”

浑河明珠在辽沈大地绽放光彩

——大伙房水库管理局精神文明建设纪实

大伙房水库坐落在辽宁省抚顺市东郊，是浑河干流上的一座控制性骨干工程。绵延的长白山孕育了涓涓溪水，汇成了辽宁人民的幸福甘泉。

巨大的效益　无私的奉献

建库50余年来，大伙房水库发挥了水利工程防洪减灾、服务民生的功效，取得了巨大的社会效益和经济效益，走出了一条无私奉献之路。

大伙房水库防洪效益显著

——抑洪无害、缵禹之绩。发挥最大防洪功效，吞下滔滔洪水，确保大河安澜。先后调蓄了大于20年一遇的洪水4次，其中达到设计标准洪水（千年一遇）1次，防洪效益达210亿元，社会效益更是显著。科学治水，造福辽沈，这是大伙房水库的职责，更是大伙房人的情怀与坚守。

——综合利用，须究其极。积极保护水源，吐出脉脉清流，确保安全供水。大伙房水库作为辽宁水资源配置枢纽工程，多年平均工农业、城市生活和生态供水10.4亿立方米，累计供水553亿立方米。兴利供水，泽被七市，这是大伙房人的胸怀和豁达。

——尽物之性，人水和谐。匠心独运，工程改造和景观建设同步进行，建设国家水利风景区。因地制宜、造福生态，这是大伙房人的气魄和情操。

——热心公益、展示风采。先后有2名副局长援藏、援疆，有2名党员参加四川安县灾后重建；发挥全国文明单位示范作用，与抚顺地区水利基层单位、守坝部队携手共建；参加辽宁服务基层水利工作，与铁岭县西贝河村对口帮建；5名优秀青年职工挂职水利副乡（镇）长，参与基层水利建设。服务社会，回报社会，这是大伙房人的品德和奉献。

——凝聚精神、引领风尚。在水库建设管理的过程中形成了大伙房文化，凝练了大伙房精神，全局职工立足岗位无私奉献，共同建设文明单位。大伙房成为辽宁水利系统和抚顺地区精神文明建设的第一方阵，引领了新的道德时尚。辐射属地，示范行业，这是大伙房人的执着与追求。

在积极奉献的同时，大伙房水库也收获了道德进步、事业发展的累累硕果：工作环境和谐优美，人文环境健康向上，法制环境严明规范，多次荣获中央精神文明建设指导委员会、人事部、水利部，辽宁省委、省政府授予的荣誉称号。这一切得益于凝聚职工的大伙房精神。

大伙房精神——团结、奉献、求实、创新

几十年来，大伙房精神成为一种文化血液，溶入每个人的心灵，成为大伙房人困难中的坚守，奋斗中的信念。那就是干群一心、共建和谐的“团结”精神，立足岗位、建设水库的“奉献”精神，尊重科学、敢于负责的“求实”精神，挑战自我、不甘落伍的“创新”精神。“奉献”这一雷锋精神的重要内涵，已经成为大伙房文化的精神内核。

大伙房水库坐落在雷锋精神的发祥地——抚顺。在根治浑河、造福子孙的过程中，大伙房人秉承大禹精神，逐步培育、建构了具有鲜明行业特征和地域特点的大伙房文化。水库建设、发展的历史就是大伙房文化形成的历史，大伙房精神形成的过程就是全局职工践行水利精神、雷锋精神的过程，大伙房精神——“团结、奉献、

组织开展学雷锋主题活动

求实、创新”，体现了“献身、负责、求实”的水利精神和“奉献、敬业、创新、创业”的雷锋精神，成为大伙房人共同的精神财富，转化为治水实践、深化水利改革的强大精神动力。

1954—1958年，水库建设时期。10万大军艰苦创业，形成“团结、奉献、求实、创新”的精神，用血水、汗水筑起大坝，截断放浪千年的浑河，创造了新中国水利史上的壮举，奠定了大伙房文化的基础。

新中国成立初期，经济凋敝，百业待兴，党和政府决定修建大伙房水库，化害为利，根治浑河。

大伙房水库是新中国成立后我国第一座自行设计、自行施工的大型水利枢纽，是我国“一五”期间最早采用机械化施工的水利工程。建设大军组成了水利工程机械化联合作业体，使工程施工中由机械完成的方量所占比重达到72%。土坝黏土心墙施工采取了人工翻晒与机械夯实土料的科学严谨的施工工艺。为抢工期、保质量，两个冬季搭建暖棚施工，在极其艰苦的条件下，建设大军发扬独立自主、自力更生的伟大创业精神，精心设计、科学施工、严格把关、确保质量，经过1600多个日夜的艰苦奋战，用汗水浇筑了巍峨的大坝，涌现出了“全国三八红旗手”宋玉琴等劳模。大伙房水库作为样板工程，被列为新中国水利工程专业教材的范例。巍巍大坝驯服滚滚洪水，结束了灾害频发的历史，从此浑河安澜，粮丰业旺。

大伙房水库是我国“一五”期间最早使用机械化施工的水利工程

1959年6月，朱德委员长、董必武副主席视察大伙房水库并题词留念

1959年6月，朱德委员长、董必武副主席视察了大伙房水库，老一辈无产阶级革命家对大伙房水库提出了殷切希望——既开其端，须究其极。

1958—1998年，水库进入管理阶段，经历风风雨雨之后，在加强工程管理、发挥水库功效的过程中逐步形成大伙房文化，用文化的力量凝聚激励职工立足岗位奉献、推动水库发展，“团结、奉献、求实、创新”贯穿于水库管理和大伙房文化形成的全过程。

十一届三中全会以来，大伙房水库发生了翻天覆地的变化：发挥工程优势，防洪减灾，社会效益超过建库投资的数十倍；科学开发水土资源；“内强素质、外树形象”，被列为水利部文明服务示范单位，成为辽宁水利的一面旗帜。

抚顺是雷锋的第二故乡，丰富的雷锋文化资源，静水深流，润物无声，影响了大伙房文化的形成。

1962年，大伙房水库响应抚顺团市委“纪念雷锋、学习雷锋”的号召，全局团员青年投入到学雷锋活动中，从此与雷锋结下了不解情缘。改革开放后，大伙房水库把“建一流班子、带一流队伍、创一流业绩”作为立足点，积极参加抚顺市开展的“学雷锋精神、走雷锋之路”，“学雷锋、讲文明、树新风”，“人人学雷锋、创建文明城”活动，涌现出化子刚、金希英等多位省部级劳动模范，他们朴实无华的事迹，正是全局职工学雷锋、做雷锋的缩影和诠

发明深水网箱捕鱼法

释。结合提炼企业精神，开展了“库兴我荣我富、库衰我耻我贫”的大讨论，把“团结、奉献、求实、创新”明确为大伙房精神的表述语。

1995年7月，浑河流域发生特大洪水，水库超设计标准运行，发挥了重要的调蓄作用，及时为下游错峰26小时，削减入库洪峰50%，为下游减免经济损失74.89亿元。洪水过后，姜春云副总理到大伙房水库检查工作，对水库科学调度“95・7”洪水给予了充分肯定。

进入21世纪，大伙房水库坚持科学发展，各项事业保持健康和谐的良好态势，步入国家级文明单位行列，大伙房精神进一步升华。

1999年，大伙房水库被中央精神文明建设指导委员会命名为全国精神文明建设工作先进单位，从此进入了国家级文明单位行列。2008年，被命名为全国文明单位。2011年顺利通过复审，保持了全国文明单位称号。大伙房文化提升到了一个新的层次，“团结、奉献、求实、创新”的精神得到进一步升华。

近几年来，大伙房水库认真贯彻落实水利部党组的治水思路，树立长远发展理念，各项事业实现了和谐发展：水费突破亿元大关；库容库貌明显改观；防洪应急能力全面提升；信息化系统框架基本形成，成为辽宁中部水资源配送中心；同时把精神文明放在更加突出的位置，提出了构建“和谐大伙房”的目标，每年确定一个主题，先后开展了“创文明单位、做文明职工”，“塑造文明单位形象、建设和谐美好家园”，“践行共产党员先进性、建设和谐发展大伙房”，“学雷锋、讲奉献、创佳绩、展风采”等系列活动。

——开展“讲大局、讲责任、讲效率、鼓足干劲，建设职工满意水库”活动，坚持局务公开，进一步优化政风行风。水库重大事项和涉及职工切身利益的事项由职代会讨论通过。

——学习雷锋和郭明义、杨善洲等雷锋式先进人物的事迹，掀起再学身边典型的高潮；建国、建党、建库纪念日，共同回顾党史、库史；坚持开展以“提升文化底蕴、塑造文明形象”为目标的读书活动；组织全局职工参与局徽标的设计和推荐，征集创建感言和水库精神表述语释义，共同感悟大伙房精神。

——参加水利行业组织的“水歌曲”演唱会、“红诗水利”咏诵会、“我与辽宁水利共奋进”演讲会 、“浪花杯”篮球赛、“新禹杯”排球赛等文化活动。发挥文体协会作用，开展“人人健身、快乐运动”的群众性体育活动。长跑、健步走、乒乓球、羽毛球、健身操等小型分散活动坚持常态化。

——响应辽宁省委号召，百名党员参加“走进千家万户”活动，贴近百姓生活，受到了深刻的党性教育。中层以上干部与企业困难职工结对帮扶坚持多年，救助因大病、意外变故而生活困难的职工成为长效机制。

——提倡并实践健康、自然、安全的低碳生活，建设节约型水库。职工常年参加“爱我水库，建我家园”植树、保洁、清理卫生等义务劳动。

2005年6月，李克强在任辽宁省委书记时曾到大伙房水库，对当年全省防汛工作提出了“三个确保”的要求。

2010年水库流域连续遭遇到8次洪水，其中洪峰流量超过1000立方米每秒的洪水6次，来水量46.4亿立方米，大伙房水库以为沈、抚两市人民群众生命财产安全高度负责的态度，启动了防洪抢险应急预案。当非常溢洪道下游堤防右岸混凝土护坡出现险情时，全局职工特别是党员干部连续五天五夜奋战在抢险一线，用汗水筑起一条生命之堤、安全之堤，体现了基层党员的先进性。

经过半个世纪水库管理的探索、实践、发展和积淀，大伙房文化的稳固框架已经构成，大伙房精神在实践中得到了不断完善和发展。

树立更高目标　提升大伙房文化建设水平　浑河明珠永放光彩

面对荣誉，大伙房人知难而进，明确了在“十二五”期间“争创标兵单位”的更高目标，制定了详实可行的措施：一是落实中央及辽宁省1号文件，抓住难得的水利发展机遇，稳中求进，为辽宁中部7城市做好供水服务，为辽宁经济发展提供更加可靠的水资源保障和强有

大伙房水库风光

力的支撑。二是强化大伙房文化建设，用抗洪抢险战斗中形成的宝贵财富和学雷锋活动焕发出的热情丰富大伙房精神的内涵。

同时，认真回顾了大伙房文化孕育、形成、丰富、完善的过程，针对水利工程关乎千秋万代的功能和水库位于沈、抚两大城市上游，防洪任务重大的特殊性，提出了深化大伙房精神的具体要求：树立“团结”出效率、出境界、出智慧的理念，培养全局职工“求实”的工作作风，“创新”工作思路、工作方法，深化学雷锋活动，引导全局职工发扬“奉献”精神，实现共同愿景，并把2012年精神文明建设的主题定位为“学雷锋、讲奉献、创佳绩、展风采”，实现了雷锋精神与大伙房精神的有力融合。

随着大伙房文化的深入开展，相信大伙房人的整体素质将会进一步提高，精神文明建设水平将会进一步升华，大伙房水库这颗浑河明珠，也将谱写水库发展的新篇章，在建设幸福富庶新辽宁中发挥更加重要的作用，在辽沈大地上永远绽放光彩。

● 链接

大伙房水库获省部级荣誉称号光荣榜

1. 2008年，大伙房水库管理局被评为全国水利系统内部审计工作先进单位

2. 2008年，大伙房水库管理局被中央精神文明建设指导委员会命名为“全国文明单位”

3. 2009年，大伙房养殖场荣获水利部全国水利系统文明单位

4. 2010年，大伙房养殖总场荣获全国优秀水利企业称号

5. 2010年，大伙房水库管理局荣获辽宁省机关档案工作特级单位称号

6. 2011年，大伙房水库管理局荣获辽宁省内部审计先进单位称号

7. 2011年，大伙房水库管理局被中国农林水利工会评为“全国水利系统和谐企事业单位”

8. 2011年，大伙房水库管理局在“全国文明单位”评选中复查合格受到表彰

续写百年杰出工程文明新篇章

——记江苏省江都水利工程管理处文明创建工作

镶嵌在京杭大运河、新通扬运河和淮河入江尾闾芒稻河的交汇处、被人们誉为“江淮明珠”的江都水利枢纽工程，由4座大型抽水站、12座大中型节制闸等水工程组成，具有灌溉、排涝、泄洪、通航、改善生态环境等综合功能，既是江苏省江水北调工程的龙头，也是国家南水北调东线工程的源头，被评为全国“百年百项杰出土木工程”。

作为建于新中国成立初期的大型水利枢纽工程的管理单位——江苏省江都水利工程管理处始终坚持“围绕中心抓创建、抓好创建

江苏省江都水利枢纽

促发展”的思想理念，深入开展文明单位创建活动，取得了累累硕果，2005年、2008年、2011年连续三次荣获“全国文明单位”殊荣。文明创建的蓬勃开展有力地促进了全处和谐发展、科学发展、率先发展，不但保持了江苏水利“排头兵”地位，还先后荣获“全国先进基层党组织”、“全国五一劳动奖状”、“全国工人先锋号”、“江苏省文明单位标兵”等荣誉称号。

着眼长远　夯实基础　促进文明创建长效化

文明创建是一项系统工程，需要长期不懈地坚持、发展和丰富。多年来，该处坚持着眼长远，完善机制，强化管理，不断提高文明创建工作水平。

在创建工作中，他们坚持党政工团齐抓共管，处党委每年都专题研究文明创建工作，把文明创建与全处各项工作同布置、同督察，并制订了精神文明建设“十一五”、“十二五”发展规划，做到年初有计划、年中有检查、年底有总结、长远有规划。与此同时，该处还积极完善机制，修订和完善了《江都水利工程管理处三个文明建设目标考核办法》、《江都水利工程管理处文明服务示范岗位考核标准》、《江都水利工程管理处文明办公管理规定》、《江都水利工程管理处职工文明守则》等文明创建制度，并采取平时抽查和年终考评相结合

举办“迎新年”职工趣味运动会拔河比赛

的办法，对下属单位（部门）和职工的创建工作进行考评。

为提高文明创建的吸引力和生命力，该处不断创新创建载体，每年都开展30多项群众广泛参与的创建活动，营造了浓厚的创建氛围。如以党建活动为载体，开展支部共建、学习实践科学发展观、创先争优等活动；以文体活动为载体，利用五四青年节、八一建军节、敬老节、改革开放30年、新中国成立60周年等契机，开展丰富多彩的文体活动；以争创活动为载体，注重宣传和鼓励职工立足本职岗位，努力争先创优，以一流的业绩展示窗口形象。三年来，在下属单位中先后涌现出“全国学习型班组”、“全国青年文明号”、“全国水利系统模范职工小家”等一批先进集体，在职工中涌现出见义勇为、助人为乐、拾金不昧等先进事迹。

强化学习　提升能力　打造高素质职工队伍

文明创建工作离不开一支高素质的职工队伍，职工队伍的素质也直接反映了一个单位文明创建工作的水平。基于这点认识，该处在文明创建工作中以创建“学习型组织”为抓手，加强培训教育，不断提高职工的综合素质。领导班子带头抓好学习，坚持处党委中心组学习制度，每人每年撰写调研报告2篇以上，并坚持调查研究制度、领导干部联系点制度和现场办公制度，处领导每人建立了2个基层联系点，每年到

举办文明创建专题讲座

联系点调研指导解决问题不少于4次。对党员干部培训，每年都举办干部素质教育培训班、组织参观考察等，拓宽他们的视野；对技能人才，经常举办泵站、水闸相关知识专题培训，并鼓励职工参加自学、函授等形式学历教育。

在学习载体上，该处创造性地开展“三个一”活动，即“每月一课”、“每月一试”和“每年一考”。他们每月有计划地邀请高等学校的知名学者前来讲授政治理论、领导科学、法律法规等方面理论；每月对职工进行一次业务理论考试；每年年底进行一次综合考试，并将考试成绩与职工奖惩挂钩。

在开展各种学习活动的同时，该处还不断建立完善的学习机制，修订完善了《理论学习制度》、《职工教育培训管理办法》等规章制度，做到学习有计划、有记录、有考勤、有检查。并把单位和职工的学习列入《江都水利工程管理处三个文明考核管理办法》的考核范围，与单位和个人的考核评比、评优晋级紧密结合起来。对在全省和全国职业技能大赛中获奖人员按照相关规定给予破格晋级；对“每月一试”前三名给予奖励；对通过业余学习取得大专、本科、研究生学历的职工分别给予2500元、4000元、8000元奖励，对在报刊杂志上发表专业论文的同志给予稿酬数倍奖励等。

多年来，该处的培训教育工作取得了明显的成效，职工素质不断提升，在全省乃至全国举办的泵站运行工、闸门运行工和水文测工技能比赛中，该处选手多次夺冠，并先后涌现出“中华技术能手”、“全国先进工作者”、“全国知识型职工先进个人”、“江苏省十

全国技术能手、第三届江苏省十佳文明职工、江苏省五一劳动奖章获得者——周明亮

江苏省十佳文明职工、全国知识型职工先进个人、江苏省五一劳动奖章获得者——周咏健

佳文明职工”、“江苏省五一劳动奖章”等一批先进个人。该处还被评为“全国水利系统学习型组织先进集体”、“江苏省学习型组织标兵单位”、“江苏省群众性经济技术创新工程先进单位”等。

文化引领　以人为本　和谐氛围更加浓厚

为了倡导和谐的工作氛围，该处高度重视文化建设，通过创办“引江信息网”，印发《职工文明守则》，编写出版《江都水利枢纽志》，创作处歌，制作电视专题片和画册，开展廉政文化进工地、进机关活动，举办水文化讲座等，把对职工的思想道德教育和水利行业精神教育融入文化建设中，营造了党风正、政风清、民风淳的良好风气，杜绝了违法违纪案件的发生，投资近3亿元的南水北调江都站改造工程没有一起群众举报。

民主管理是促进和谐的重要方面。为此，该处坚持职代会制度、处务公开制度和合理化建议制度，让职工充分参与民主管理。重大事项集体研究，阳光操作，确保职工的知情权、参与权和监督权，营造和谐的劳动关系。

该处还始终坚持以人为本，面向职工群众，加强服务，坚持为职工办好事、办实事，密切了党群、干群关系。如经常走访慰问一线职工、困难职工、生病职工和离退休老同志，组织职工健康体

管理处领导组织慰问工地一线职工

检、发放住房补贴，建立了退休职工服务中心等。同时，为进一步完善互帮互助机制，在建立“职工特困基金”、“职工互助储金会”、“职工（亲属）伤亡互助金”的基础上，又在全省水利系统率先制定并实施了《职工重大疾病医疗救助管理试行办法》。此外，该处还积极开展扶贫帮困献爱心、义务献血等活动，2010年为患白血病职工李敏捐款7万多元。

服务社会　辐射文明　源头形象充分展示

作为苏北国民经济发展和人民生命财产安全的“生命线”工程，该处始终牢记水管单位防灾减灾、服务经济社会发展的神圣使命，不断加强工程管理，确保一声令下能够拉得出、打得响。在多次与洪涝旱灾的斗争中发挥了显著效益，屡建奇功，未发生一起事故，受到了地方政府和广大群众的一致称赞。2011年江苏发生了新中国成立以来60年一遇的气象干旱，江都水利枢纽工程连续运行196天，抽引江水62亿立方米，相当于两个洪泽湖的正常蓄水量，为江苏粮食产量连续“八连增”和京杭大运河正常通航提供了水源，被广大农民称作“救命水”，中央电视台、中国新闻网、江苏卫视等媒体对该处抗旱工作进行了报道。工程建成40多年，已累计抽水1100亿立方米，引水1000亿立方米，排涝320亿立方米，泄洪9000亿立方米。

近年来，该处紧紧抓住工程加固改造的机遇，使老化工程重新焕发出“青春”。特别是该处圆满完成了投资2.53亿元的南水北调江都站改造工程，实现了“优质工程、廉洁工程、精品工程”的目标，先后被评为“南水北调工程文明工地”、“全省水利工程建设廉政文化示范点”、“南水北调工程文明建设管理单位”等荣誉称号。

作为水利部水管体制改革试点单位，为不断提升服务水平，该处还积极探索体制改革，充分利用自身人才、技术优势，跨省、跨行业开展机电安装、科研设计、运行管理等技术服务，单位的活力和实力进一步增强。2010年，该处被水利部授予“全国水利工程管理体制改革工作先进集体”称号。

作为全国文明单位，该处充分发挥引导示范和辐射带动作用，与扬州市江都区砖桥社区开展“城乡文明共建”、与仙女镇水务站结成了文明共建对子，为他们送去图书、电脑等，走访慰问贫困户、贫困大学生、十星文明户等，经常开展座谈交流活动，帮助他们不断提高文明创建水平。作为“江苏省爱国主义教育基地”，积极为高校、中小学生提供参观、学习服务。同时，该处还积极开展扶贫帮困活动，组成了志愿者服务队，经常参与地方组织的各种志愿活动，并围绕中心工作开展了“邵伯湖、高邮湖”志愿者保护等。近年来向汶川、玉树、舟曲等受灾地区捐款累计达20多万元。

走进江都水利枢纽工程，这个首批被评为“国家水利风景区”并荣获“全国绿化模范单位”称号的“城市水利公园”，植被茂盛，环境优美，鸟语花香，充分展现了人水和谐的美好景象。党和国家领导人胡锦涛、江泽民、温家宝、朱镕基等都曾到过这里视察，每年还有数万中外来宾和社会各界人士前来参观学习……

● 链接

江都水利工程管理处荣获省部级以上荣誉称号光荣榜

1. 1999年9月，被中央精神文明建设指导委员会授予“全国创建文明行业工作先进单位”称号

2. 2001年12月，被江苏省精神文明建设指导委员会授予“1999—2000年度江苏省文明单位”称号

3. 2003年12月，被江苏省精神文明建设指导委员会授予“2001—2002年度江苏省文明单位”称号

4. 2003年12月，被共青团中央授予“全国五四红旗团支部”称号

5. 2004年5月，被全国绿化委员会授予“全国绿化模范单位”称号

6. 2005年1月，被中央精神文明建设指导委员会授予“全国文明单位”称号

7. 2005年5月，被中华全国总工会授予“全国模范职工之家”称号

8. 2005年12月，被人事部、水利部授予“全国水利系统先进集体”称号

9. 2005年12月，被江苏省精神文明建设指导委员会授予“2003—2004年度江苏省文明单位”称号

10. 2006年3月，被中华全国妇女联合会评为“全国三八红旗集体”称号

11. 2006年12月，被水利部授予“水利行业技能人才培育突出贡献奖”

12. 2007年1月，被江苏省总工会授予“江苏省学习型组织标兵单位”称号

13. 2007年1月，被全国创争活动领导小组评为“全国学习型先进班组”称号

14. 2007年4月，被江苏省总工会授予“江苏省五一劳动奖状”

15. 2007年7月，被全国厂务公开协调小组评为“全国厂务公开民主管理先进单位” 称号

16. 2007年12月，被中国农林水利工会授予“全国农林水利系统和谐事业单位” 称号

17. 2008年1月，被中国农林水利工会授予“全国水利系统职工文化先进集体” 称号

18. 2008年1月，被江苏省精神文明建设指导委员会授予“2005—2006年度江苏省文明单位”称号

19. 2008年4月，被中华全国总工会授予“全国五一劳动奖状 ”

20. 2008年4月，被江苏省总工会授予“江苏省群众性经济技术创新工程先进单位”称号

21. 2008年12月，被江苏省总工会授予“江苏省工人先锋号”称号

22. 2009年1月，被中央精神文明建设指导委员会(第二批) 授予“全国文明单位” 称号

23. 2009年9月，被中国农林水利工会授予“全国水利系统学习型组织先进集体” 称号

24. 2009年，被中华全国总工会命名为“全国工人先锋号”

25. 2010年8月，被水利部授予“全国水利工程管理体制改革工作先进集体” 称号

26. 2010年，被中共江苏省委、省人民政府授予“2007—2009年江苏省文明单位标兵”称号

27. 2011年4月，被中国土木工程学会授予“百年百项杰出土木工程·江都水利枢纽工程”称号

28. 2011年7月，被中共中央组织部授予“全国先进基层党组织”称号

29. 2011年11月，被水利部、共青团中央授予“全国青年文明号”称号

30. 2011年12月，被中央精神文明建设指导委员会(第三批) 授予“全国文明单位”称号

携手文明　强基聚势　为发展添翼

——浙江省水利水电勘测设计院文明创建工作纪实

2009年1月，浙江省水利水电勘测设计院首次荣获“全国文明单位”荣誉称号。在这来之不易的荣誉面前，浙江水利水电勘测设计人没有陶醉，而是保持着十分清醒的头脑，把这看做是新的更高的文明起点。从那一天起，为保持这项至高的荣誉，他们严格按照全国文明单位的各项要求，持续深入地推进创建活动，强基聚势，为该院的科学发展、和谐发展提供了强有力的保证，取得了一个又一个新的成效。

浙江水利水电勘测设计院设计的曹娥江大闸

走在前列　率先发展

三年来，浙江省水利水电勘测设计院秉承“诚信、精心、创新”的企业精神，在科学发展的大道上奋勇前进。一是全方位服务于地方水利事业，为浙江进一步完善防洪安全、水资源供给、水环境三大保障体系建设提供智力支撑。先后承担并完成了浙江省委、省政府提出的“强塘固房”工程、“浙江省抗旱规划”等一系列规划报告及“太湖水环境综合治理”、“千库保安”、“万里清水河道”等数十项勘测设计任务以及防汛、防台、抗旱等工作，为浙江水利继续走在全国前列发挥了积极的作用。二是积极开拓省外国外市场，经济效益持续快速增长。他们在做好省内重点项目的同时，不断拓展省外市场，进军柬埔寨、肯尼亚等，承接了一批水利水电项目，进一步拓宽了发展空间。三年累计签订合同额10.5亿元，实现财务收入7.0亿元，其中国外市场业务达1.0亿元。职工人均年收入达20万元以上，人均产值经济指标位列省级院前茅。三是质量、技术、服务品牌持续提升。始终坚持“精心设计、优质高效、持续改进、顾客满意”的质量方针，不断完善管理体系。三年累计获得勘测设计国家级奖5项，省部级奖20项。获得3项专利、4项软件著作权登记。2010年，通过了国家高新企业认证，获批“博士后科研工作站”。

节日期间院领导到水库工地慰问工作人员

党政有序　务实奋进

浙江省水利水电勘测设计院党政领导班子以科学发展观为引领，按照"为民、务实、清廉"的要求，持续强化自身建设，理论素养、思想境界、业务水平、工作作风和开拓能力不断提升。班子成员发扬"想干事、能干事"的创业精神，将科学发展、人本思想、和谐理念等融入全院的发展实践，制订发展规划，大力推进"市场开拓、机制创新、人才开发、品牌升级、企业文化"五大工程建设，将文明理念植入团队思想，引领各项事业全面发展，深受广大职工信赖。自2005年以来，设计院连续6年被省水利厅考核为优秀，院党委连续两届荣获浙江水利厅系统"先进基层党组织"称号，2010年被授予"浙江省思想政治工作优秀单位"荣誉称号。

紧扣中心　深化创建

三年来，设计院党政领导班子始终把创建工作放到科学发展的大环境中研究，在全院中心工作大局中去定位，从而找准切入点和着力点，体现价值，发挥作用。

围绕该院《2008—2011年发展规划纲要》深化创建活动，通过学习教育、演讲辩论、大讨论等活动积极引导广大职工践行"全员经营和优质服务"理念，以质量为中心不断提升技术品牌，以客户为中心努力构造服务品牌；问计于职工，破解发展难题，不断提高精细化管理水平；从理念、制度、行为等层面推进企业文化建设。结合学习实践科学发展观、创建学习型组织等主题教育活动，院各级党工团组织紧扣生产经营工作实际，充分发挥党团组织的资源优势，在广大党员中开展"成长速度、业务水平、业绩成果"的"三个高于"主题实践，在急难险重任务中强化党员先进性；坚持以

"典型引路"的方法，开展"向以曾金年（全国五一劳动奖章获得者）为代表的身边先进人物学习"活动。2010年，契合创先争优活动，院党委精心部署了以16个重点项目为主的"百日攻坚，创先争优"活动。各部门、党支部整合资源、全力保障，项目组成员全力投入，如期完成，以点带面实现了年度工作再上新台阶。2011年初，为弘扬"尊老敬老、感恩师长"的优良传统，在庆祝建党90周年系列活动中，院党委发起"感恩关爱"活动，广大职工积极响应，累计捐款57万余元，全部用于对373位离退休职工慰问帮扶。通过年轻职工们走访离退休老同志，与老人们相聚座谈，互进共勉。

全国五一劳动奖章获得者曾金年

设计院立足团队建设，把促进职工成长成才作为文明创建的重要抓手。全面落实人才发展规划，大力推进"1123"人才工程，创新"积分式晋升办法"，先后与清华、河海、西北农大等高校开展人才共建，科学布局人力资源开发及人才培养、使用、储备工作。2010年5月，投入近百万元与河海大学联合举办MBA研究生班，70余位中青年业务骨干参加系统学习，对完善知识结构、强化管理能力起到极大的促进作用。另外，"工程技术论坛"、"青年大讲堂"、"专业交叉培训"、"导师带徒"、"党员夜校"、"技术党课"等活动在各部门、党支部应运而生，分享知识、传递经验在院内蔚然成风，为人才培养和梯队建设提供强有力的支撑。三年来，设计院1人入选水利部"5151"人才工程，12人入选"浙江省新世纪151人才工程"，1人被浙江省政府授予"有突出贡献中青年技术专家"称号。

营造和谐　凝聚合力

坚持创建为职工，设计院把维护好、实现好、发展好职工的切身利益作为文明创建工作的出发点和落脚点。多年来，他们坚持以职代会报告制度、预决算审议制度、职代组长联席会议、院务公开等多种形式和渠道，充分保障职工知情权、参与权、决策权、监督权。坚持“经常、深入、实效”的思想政治工作实践，在连续多年开展“谈心月活动”的基础上，2009年制定《干部职工谈心谈话制度》，党政技各级联动，职责到人，思想政治工作到位。积极创造条件，为职工办实事。在每年组织职工体检的同时，对派往西部高原工作的人员，行前专门安排到空军疗养院进行健康检查；落实带薪休假，组织职工参加旅游活动；每年投入数百万元用于添置设备，降低测绘、地勘外业职工的劳动强度；适时调整省外、国外工作出差补贴等。新建办公大楼于2009年启用，美化了院内环境。2010年，又专项出资280余万元改建了职工健身中心、篮球场，重新装修了食堂，极大地改善了工作生活条件，受到职工的一致好评。几年来，院及各部门持续开展创建“职工之家”、“温暖小家”。

组织职工参观党史图片展

针对职工长期伏案工作的特点，院工会组建了乒乓球、羽毛球、篮球、舞蹈等文体俱乐部，举办了太极拳、瑜伽培训、保健咨询、婚姻家庭的心理支持讲座；院团委组织新职工开展“新雁融入”课程训练。丰富多彩的健身和文体比赛活动常态化，已成为职工喜闻乐见的保留节目，激发了广大职工热爱生活、勤勉上进。

在柬埔寨施工的浙水院人

三年来，针对职工思想实际，在加强职业道德、社会公德、家庭美德教育的基础上，设计院不断完善“法、德、诚、勤、美”的职工行为规范，积蓄“懂法理、遵法规、守法纪，修心理品德、讲社会公德、奉职业道德”的文明内功。2010年10月，水利部精神文明建设指导委员会办公室委托该院编写《全国水利水电勘测设计从业人员行为准则》，院党委以此为契机，通过宣传发动，组织座谈，历经5个多月的大范围调研等工作，既为编写工作积累了大量素材，又使广大干部职工受到一次深入的职业道德再教育。该院多年来一直保持社会治安综合治理工作秩序井然的良好局面，连年被评为杭州市、上城区级优秀单位，被省水利厅考核为先进单位。计划生育工作扎实，每年被上城区政府评为计生工作先进单位。

传播文明　诠释责任

汶川震后三年来，设计院几乎承担了青川县灾后全部水利项目的援建工作，一大批技术骨干多次进驻现场，不畏艰险，不辞劳苦，出色完成了援建任务，被授予“浙江省对口支援青川县灾后恢复重建先进集体”，完成的工程项目获得四川省优质工程“天府杯”5项金奖和1项银奖。设计院连续三年开展“一本书，一个希望——情系地震灾区为四川中江县东北镇小学捐书活动”，累计捐赠图书3000余册，为学校师生建起了“浙水图书馆”。与此同时，他们还积极做好对口支援新疆阿克苏地区饮用水工程规划设计工作。

设计院积极开展与辖区街道、社区、周边学校等单位的共建。连续五年捐助杭州市帮扶困难群体的“春风行动”近10万元。传播文明理念和精神文化，六年来先后投入近40万元帮扶双溪村建设社会主义新农村，使这个偏远小山村先后通过杭州市级文明村、浙江省级卫生村的考评，并被命名为杭州市基层党建示范点，设计院也被授予“文明共建突出贡献单位”。他们与杭州“西湖之声”广播电台携手开展“闪闪红星，文明出行，爱心承诺活动”，引起很好的反响。不仅让文明交通的理念深入职工，而且通过职工实际行动诠释文明的内涵，成为传播文明的使者。2010年，在西南大旱、玉树地震、舟曲泥石流等重大灾害发生后，全院职工积极投身赈灾行列，先后捐款共计16万余元，充分体现出文明单位和文明职工良好的精神风尚。

“闪闪的红星”活动现场

三年来，设计院进一步拓宽创建思路、拓展创建内涵，保持了文明创建与各项事业同步推进、协调发展的良好态势。继荣获“全国文明单位”后，该院又先后获得“杭州市社会责任建设先进单位”、“浙江省最佳雇主企业”、“全国水利系统勘测设计先进集体”、“全国厂务公开民主管理工作先进单位”等荣誉称号。

荣誉，更是源源不断的动力。今天，他们在新的起点上，又开始新的创新、新的跨越！

链接

浙江省水利水电勘测设计院获得省部级及以上荣誉称号光荣榜

1. 2009年，被中央精神文明建设指导委员会授予“全国文明单位”称号

2. 2005年，被中央精神文明建设指导委员会授予“全国精神文明建设先进单位” 称号

3. 1999年至今，被浙江省人民政府授予“浙江省文明单位”称号

4. 2000年至今，被水利部授予“全国水利文明单位”称号

5. 2008年，被中共浙江省直属机关工作委员会授予浙江省省直机关“十佳企事业单位”称号

6. 2008年，被浙江省推行厂务公开工作领导小组评为“全省厂务公开民主管理先进单位”

7. 2008年，被农林水利工会全国委员会授予“全国农林水利（产行业）劳动奖状”

8. 2008年，被浙江省总工会授予“浙江省技协先进集体”称号

9. 2009年，被浙江省人民政府授予“省重点建设立功竞赛先进集体”称号

10. 2010年，被水利部授予“全国水利技术监督工作先进集体”称号

11. 2010年，被全国厂务公开协调小组评为“全国厂务公开民主管理工作先进单位”

12. 2010年，被农林水利工会全国委员会授予“全国水利系统模

范职工小家”称号

13. 2010年，被中共浙江省委、省政府授予“对口支援青川县灾后恢复重建先进单位”称号

14. 2010年，被省委宣传部、省委组织部、省经信委、省总工会授予“浙江省思想政治工作优秀单位”称号

15. 2008年，瓯江干流水生态系统保护与修复总体规划（2006—2020）荣获“全国优秀工程咨询成果二等奖”

16.2008年，浙东引水萧山枢纽工程项目建议书荣获“全国优秀工程咨询成果三等奖”

17. 2009年，浙江省1：10000水利地理空间数据平台荣获“2009中国GIS优秀工程银奖”

18. 2009年，舟山市大陆引水二期工程项目建议书荣获“全国优秀工程咨询成果三等奖”

19. 2009年，舟山经济开发区新港区块钓浪围垦区吹填工程可行性研究报告荣获“全国优秀工程咨询成果三等奖”

20. 2009年，浙江省长兴县合溪水库工程可行性研究报告荣获“全国优秀工程咨询成果三等奖”

21. 2010年，钦寸水库工程可行性研究报告荣获“全国优秀工程咨询成果奖二等奖”

22. 2010年，慈溪汤浦水库引水工程荣获“全国优秀工程勘察设计三等奖”

23. 2011年，曹娥江大闸枢纽工程设计荣获“全国优秀工程勘察设计奖银奖”

觅得甘泉勤浇灌　文明之花绽泉城

——济南市水利局创建“全国文明单位”纪实

“全国创建文明行业工作先进单位”、“全国水利系统文明单位”、“全国水利系统先进集体”、“山东省省级文明机关”、“山东省基层党建工作示范点”、“山东省百姓口碑最佳荣誉单位”、“山东省富民兴鲁劳动奖状”……诸多荣誉的背后，是济南市水利局精神文明建设工作的扎实与创新。

“精神文明建设不是花架子，不但要抓，而且要用心去抓”。济南市水利局的精神文明建设之所以能够见成效，是因为领导和群众用心去抓、用心去做了。不仅有声有色，而且实实在在，管用。

有一个好的机制

济南市水利局下设7个职能处室和15个直属企、事业单位，17个基层党组织，共有1600多名职工，其中党员507名。面对下属单位多、职工队伍大、业务工作忙等特点，济南市水利局确定了“以人为本抓创建、构建和谐促发展”的精神文明建设思路，坚持把文明单位创建活动摆在极其重要的位置，不断创新创建工作推进方式，认真制订“一创三结合”实施方案，坚持文明创建工作与水利业务工作提升相结合，与思想政治工作改进相结合，与机关效能建设加强相结合，确保全局“三个文明”建设协调发展，共赢共荣。他们不断完善四项创建机制，确保了文明创建活动有机构、有规划、有

济南市水利局组织团员青年到甲午战争纪念馆进行爱国主义教育

措施、有落实。

领导机制：建立健全创建活动领导小组，党政工团齐抓共管，确保一级抓一级，层层抓落实。保障机制：制订文明单位创建工作规划，做到有安排、有检查、有考核、有总结。安排专项资金用于开展文明创建活动和职工文明奖励，确保各项创建工作有效落实。全员参与机制：召开文明创建专题会议，广泛宣传发动，创新活动载体，坚持“直通车”联络员制度，定期对文明创建活动进行民意测评，激发全体职工参与创建的热情。面向社会，召开优化发展环境恳谈会，积极开展“我为水利建言献策”活动，广泛征求服务对象的意见建议达300余条，形成全社会支持、参与创建活动的强大合力。监督机制：公布行风监督电话，受理12345服务热线电话1000余件，处理回复率100%。聘请水行政执法监督员，参加电台政务监督热线20次，开通网上举报信箱和优化发展环境投诉专栏，建立起广泛的社会监督体系。

有一支好的队伍

加强精神文明建设，核心是以人为本。济南市水利局坚持狠抓队伍建设，坚持把提高干部职工的素质作为文明创建工作的出发点和落脚点，全系统呈现出心齐、气顺、风正、劲足的良好局面。

打造过硬领导班子。“公生明，廉生威”。在精神文明建设中，“带头人”的作用是至关重要的。

“坚持把提高人的素质作为文明创建工作的出发点和落脚点”，他们是这样说的，也是这样做的。加强领导班子建设。立足于建设团结、进取、务实的好班子，重点围绕加强民主集中制、改进工作作风、坚持廉洁勤政、提高执政能力等方面，不断加强自身学习教育、实践锻炼和规范管理，局领导班子的凝聚力、战斗力不断增强，应对突发事件和驾驭复杂局面的能力和以人为本、立足服务抓管理、抓建设的统领能力不断提高。

加强党员队伍建设。坚持用党的十七大精神和社会主义核心价值体系武装党员干部，认真落实“四个一”学习制度（每月制定一次学习计划、每人一本读书笔记、每周组织一次学习、每季度组织一次检查），确保时间、材料、人员、效果四落实。设定党员先锋岗108个，507名党员结合自己的工作和特长进行了认岗与定责，较好地发挥了党员先锋模范作用。连续6年坚持开展基层党组织和党员双承诺制，进一步拓宽了基层党组织、党员联系和服务群众的渠道。通过开展“机关作风建设年”，“治庸、治懒、治散”，“服务群众、服务发展、服务基层”等主题活动，进一步转变作风，改进工作，全心全意为企业、基层和群众服务，在全局形成干事创业、科学发展的生动局面。积极开展宗旨观念、理想信念、党风廉政教育，引导党员干部树立正确的世界观、人生观和价值观，充分发挥了基层党组织战斗堡垒作用和党员的先锋模范作用。

开展了群众性的节水保泉公益活动

济南市卧虎山水库实施回灌补源

加强职工队伍建设。开展“知荣辱、树新风”，“与时代同行、与文明同步”形式多样的主题教育活动，深化以“八荣八耻”为主要内容的社会主义荣辱观教育，加强社会公德、职业道德和家庭美德建设。职工的责任意识、服务意识、大局意识不断增强，文明素质和单位文明程度不断提高 。

加强人才队伍建设。他们定期开展处级干部“大讲台”、水利改革与发展大讲坛、水利业务培训等活动，提高了职工的业务素质。通过与山东大学、武汉大学等院校合作办学，全局先后有26名同志在职取得博士、硕士学位。鼓励职工创新创造，对获得市级以上科技进步奖以及在水利新技术、新工艺应用推广等方面作出突出贡献的同志给予表彰奖励，全局12名同志成为市级以上专业技术保荐人才、青年学术带头人和“五一劳动奖章”获得者。坚持学以致用，组织引导机关干部到基层调研不少于30天，帮助基层解决实际问题。近年来，先后完成腊山分洪、东联供水等一大批省市重点工程，全市自来水入村率达到96.4%，实现泉群连续9年喷涌。

打造一个好的品牌

以廉洁的政风满意群众，以优质的服务感动群众。

结合局机关工作实际，济南市水利局切实加强党风、政风、行风建设，以党风引领政风，以政风促进行风。以规范运作、注重实效为目标，不断探索与强化制度体系建设，努力形成用制度规范行为、按制度办事、靠制度管人的良好机制。出台实施了《济南市水利局工作人员廉洁勤政规定》和《济南市水利局水利执法收费“十条禁令”》，加大对水利工程招标投标、施工、监理和设备材料采购等环节的监督检查力度，全面实行工程合同、采购合同与廉政合同同签制度。近年来，济南市水利局先后投资30多亿元，实施完成一大批国家、省、市重点工程，工程合格率达100%，优良率达90%，未出现一例违法违纪案件。

树立一个好的形象

水文化建设是精神文明建设不可或缺的部分，是精神文明保持蓬勃发展的动力。

坚持开展“优秀共产党员”、“党员科技明星”评选、文明处室流动红旗竞赛，争创省、市级“青年文明号”、“巾帼示范岗”、“党员先锋岗”以及“文明基层单位”、“文明工地”、“文明家庭”评选等群众性系列创建活动，定期开展乒乓球、篮球、羽毛球、游泳比赛；开展“书香水利——读一本好书”、水文化作品征集、演讲比赛等活动。组建水利志愿服务组织，积极投身“捐资助学”、“爱心助残”志愿服务行动以及“送温暖、献爱心”、“慈心一日捐”等社会公益活动；成立慈善工作站，制订并落实慈善工作管理办法和“五必访、五必到”内部帮扶制度；建立水利职工健康档案，定期组织体能测试和健康检查，制订符合职工身体需求的全民健身档案。积极开展军民共建和社区共建活动，联合进行防汛抢险演习，积极参与奥运圣火传递，不断延伸和拓展创建活动的影响力和辐射力，弘扬了服务人民、奉献社会的行业风范。近年来，济南市水利局先后有5名党员荣获市委授予的“文明市民”荣誉称号，3名职工荣获市文明委“十佳道德模范”荣誉称号，向社会展现了良好的水利行业形象。

取得一份好的成果

济南市虽以“泉城”闻名，却是个水资源极度匮乏的城市，水资源人均占有量不到全国的七分之一。享誉天下的趵突泉曾经一度干涸，济南人民坐拥泉城也难饮泉水，全市有近300万农村人口常年面临缺水的困难。

随着济南市水利局精神文明的不断创建和深入，济南市的水利工作也实现了新的突破。

济南市水利局始终坚持把解决农村人口吃水难的问题作为改善民生、统筹发展、促进文明的一项十分重要而紧迫的任务来抓，不断加大资金投入和实施力度，坚持又好又快地推进农村自来水工程建设。目前，农村自来水入村率达到了96.4%，入户率达到90%。随着村村通自来水工作的建成，绝大多数农民告别了吃水难、吃好水更难的历史，从繁重的挑水、背水等大体力劳动中解脱出来，不少农户结合饮水工程建设搞起了养殖业、种植业、林果业，有条件的

济南大明湖

还办起了水上游乐项目，吸引了游客，带来了财源，过上了富裕的小康生活，走向了文明的康庄大道。

他们采取“置换、限采、节水、补源”措施加大节水保泉力度。投资建起东联供水等水源置换工程，节省企业消耗巨大的地下生产用水；实施回灌补源，利用济南周边的大型水库放水补源；在济南南部山区划出1500平方公里的区域作为泉域补给区，增强区域的水源涵养能力；开展联合执法，仅2012年上半年，就封闭了133眼浅层井，并维护好用水秩序。自2003年趵突泉复涌以来，济南各大名泉已经连续9年正常喷涌。

如今，济南市水利局又绘制了“六横连八纵，一环绕泉城”的全市大水网宏伟蓝图，12类共计41项相关工程有条不紊地逐渐开展。同时，南水北调济南段工程、腊山分洪工程、病险水库除险加固工程、水土保持综合治理工程、大型灌区续建配套和节水改造工程、小型农田水利工程、河道治理工程等一系列关乎民生的基础设施建设也在加紧建设中，在惠及民众的同时，带动了城市文明的普遍提高。

延续着光荣，承载着梦想。站在新的起点、新的高度，济南市水利局深感担子更重，责任更大，只有百尺竿头更进一步，才能

树立好全国文明单位的形象。永不满足的济南水利人将视挑战为动力，以只争朝夕的拼搏精神在加快科学发展、建设美丽泉城的道路上续写新篇章，再创新辉煌。

● 链接

济南市水利局获得省部级荣誉称号光荣榜

1. 2002年，被中央精神文明建设指导委员授予“全国创建文明行业先进单位”称号

2. 2002年，被水利部授予“全国水利系统文明单位”称号

3. 2002年，被人事部、水利部授予“全国水利系统先进集体”称号

4. 2004年，被水利部授予“全国水利系统文明单位”称号

5. 2005年，被人事部、水利部授予“全国水利系统先进集体”称号

6. 2009年，被中央精神文明建设指导委员会授予“全国文明单位”称号

7. 2003年，被省文明委授予“省级文明机关” 称号

8. 2006年，被山东百行百业社会信誉组委会评为“百姓口碑最佳荣誉单位”

9. 2007年，被省委组织部命名为“山东省基层党建工作示范点”

文明创建写新篇　民生水利结硕果

——湖南省水利厅（机关）精神文明建设纪实

“我们迎着初升的太阳，走在崭新的道路上，我们是优秀的中华儿女，谱写时代的新篇章……”水利厅老干部活动中心里传来嘹亮的合唱声。这样的歌声早已让居住在水利厅单位院子的人习以为常。“退休干部职工的业余生活丰不丰富，他们开不开心，实际上是衡量我们精神文明创建成果很重要的指标之一。”湖南省水利厅党组书记、厅长戴军勇如是说。

多年的践行与坚持，让湖南省水利厅收获了很多精神文明创建成果。“我们一直把保持和发扬厅机关文明建设荣誉，促进水利事业可持续发展作为文明建设的重大任务，在构建人水和谐现代水利

湖南省岳阳城市防洪工程景观

体系的治水实践中，积极丰富和发展文明创建。”戴军勇说这番话时，带着坚毅的目光。细致、勤思、热情才让水利厅精神文明创建工作之花绽放。

多管齐下　激发文明创建新活力

在2008年顺利通过湖南省文明标兵单位复查和再次申报全国文明单位成功、2009年被授予“全国文明单位”荣誉称号后，全厅上下开展了“获得最高荣誉了，文明创建怎样深入”，“如何解放思想，推动文明创建向高标准高层次上发展”的大讨论，广大职工认为，精神文明创建是实现可持续发展水利、构建人水和谐水利体系的重要基础，必须常抓不懈，持续开展下去。厅党组也非常重视文明建设工作，多年来坚持党组书记、厅长任精神文明建设指导委员会主任，总揽文明创建工作，分管厅领导具体抓，其他党组成员各司其职，齐抓共管文明创建工作。厅机关全体干部团结一心，形成个个关心文明创建、人人参与文明创建的工作氛围。

水利厅还把深化文明创建与创先争优活动和拓展学习型党组织建设相结合，使全厅文化建设更加深入，内容更丰富，设施更齐全，场地更完善，品位更高。划拨专款建立党员学习室、职工阅览室，装修了机关图书室，开通了电子政务系统和改版了水利网站，优化了干部职工的办公环境；投资200多万元改造了多功能会务中心和工会俱乐部；扩建完善了职工食堂、职工医院、综

省水利系统先进模范人物——何贵平

合服务大楼、幼儿园、机关招待所、老干部活动中心等配套服务设施。“在工作中遇到了问题，就可以到图书室、阅览室去查找相关资料，很方便，同时也是一种充电，感觉挺好。”这是现在很多职工的切身感受。

“所有的文明创建活动最终要让群众从中得到实惠！”水利厅党组成员、纪检组长邵建希一直这样强调。这种思想与民生水利概念相融，所以，水利厅一直着力于让文明建设与机关干部职工切身利益有机结合。坚持组织开展“职工再就业”活动，力所能及地缓解社区及干部职工家属子女的就业压力，解决社区及厅机关干部家属子女再就业岗位30多个；创办了职工消费合作社，让职工吃上了“放心菜”，喝上了“放心水”；坚持开展“双联双助”活动，每年“双节”期间，厅领导带队组织各单位、各部门的负责人慰问困难职工，平均每年达1000多人次，密切了党建、干群关系。

为使文明创建看得见，摸得着，实实在在见成效，水利厅完善和修订了《湖南省水利系统文明单位评选和管理办法》，将文明创建纳入全厅统一的绩效考核体系，同研究、同部署、同检查、同落实，做到了创建年初制订计划、年中检查督促、年终考核评比。坚持每两年在全行业评比表彰一批文明单位，有力地推动和促进了文明创建在全省水利系统的蓬勃开展。厅机关2011年连续三届被评为全国文明单位，2010年通过省文明标兵单位复查；在厅机关为龙头的带领下，厅直系统12

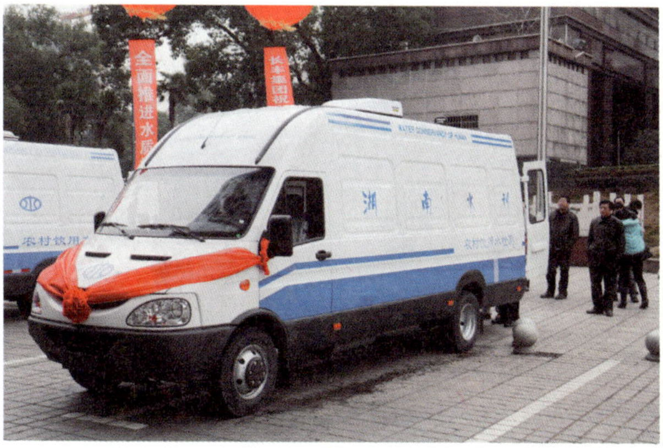

湖南省农村饮水安全流动水质检测车

个单位中有全国水利文明单位3个，全省文明标兵单位1个，全省文明单位3个，省直文明标兵单位1个；确认评比表彰了08届、10届35个全省水利系统文明单位，省水文局还在全省水文系统开展了文明单位评比表彰活动。

以人为本　突出文明创建水利特色

“我们在文明创建活动中也一直坚持以人为本的思想，坚持立足水利实际，突出创建特色，把以人为本和水利行业实际相结合。”

秉承这样的思想，水利厅每年都开展学习实践活动。如2011年，为全面学习贯彻中央、省委1号文件精神，邀请专家学者举办各类辅导讲座、培训30多场次。在全省水利系统开展的“帮联水利基层，争当惠民先锋”活动影响广泛。12名厅领导分别率25个机关处室同12家水利基层单位结对帮联。在厅直系统开展了深入细致的调查研究活动和水利改革发展专题征文活动，探讨如何推动湖南水利事业又好又快发展，为加快“四化两型”、促进富民强省提供有力的水利支撑。

湖南省水利职工在抗冰救灾活动中表现出色

既然是以人为本，先进典型人物的示范引领作用就显得尤为重要。党的十七大代表何江波，全省“十大杰出女性”、“全国水利劳动模范”胡雪霜，“抗御雨雪冰冻灾害优秀共产党员”、“五一劳动奖章”获得者曹述军，全省“我身边的优秀共产党员”李正最，“倒在水利普查现场”的水利干部罗宇等一批先进人物，都是水利系统干部职工耳熟能详的名字。“罗宇太可惜了，年纪轻轻就因为长期过度劳累，诱发心脏病，倒在了工作现场。”很多干部职工在学习了望城区水利普查员罗宇的先进事迹后都发出这样的感叹。正是在这样的精神感召下，全厅先后涌现出了一大批水利劳模、湖南省“芙蓉百岗明星”、文明家庭和一大批优秀共产党员、先进集体、先进个人，受到各级领导部门的表彰。

在文明创建中，水利厅始终注重突出水利行业特色，把文明创建根植在水文化的沃土之中，先后举办了现代水利建设论坛、长江论坛、廉政文化论坛和以建设社会主义核心价值体系为主要内容的三湘水文化论坛；成立了水利政研会，创办了《水利人》杂志，积极参加水利部文明办举办的“水歌曲”演唱比赛和征文、朗诵大赛并取得优异成绩，搭建了水利人的文化平台，使“上善若水”、“献身、负责、求实”等理念深入每一位水利系统职工的内心，形成了对水利行业精神的深刻认知。

在突显水利行业特色的基础上，将文明创建与湖湘文化、水文化相结合开展了不少主题活动。如“我们的节日”主题活动，清明节倡导文明祭祀，端午节启动中华经典诵读，重阳节推崇“百善孝为先”，组织离退休老干部游览观光聚餐，弘扬传统美德；充分发挥工、青、妇、团组织的职能作用，开展丰富多彩的主题活动。厅机关党委和机关工会先后举办了庆祝建党88周年“红诗红歌会”、喜迎国庆60周年文艺调演、水利建设60周年成就展、庆祝建党90周年征文比赛；厅直团委按照“将团委打造成为温馨家园、成长平台和战斗堡垒”的工作思路，开展了“共话水利·岗位成才”，“党建带团建，永远跟党走”、“金秋助学”、“青年文明号爱心助学”等系列主题活动，厅妇女工作委员会以“巾帼建功”活动激发妇女立足本职作贡献的激情，评选“五好文明家庭”促进和谐家庭

洞庭湖湿地生态环境改善，雁群飞落

建设，开展“庆三八”、“乐六一”等活动，丰富了妇女儿童的业余文化生活。完善了9个文化活动组织，坚持“月月乐”的活动方式，积极开展轻松、欢快、有益的全民健身活动。与湘农桥社区成立的“青年文化中心”定期开展活动，进一步丰富了机关的文化生活，使机关干部职工精神风貌昂扬向上。

和谐发展　取得文明创建新成效

不断实践，不断深化，不断提高，这是水利厅党组对持续深入搞好文明创建的总要求。几年来，随着文明创建的不断深化，进一步凝聚了人心，振奋了精神，焕发了水利队伍的活力，促进了人水和谐发展，实实在在见到了成效。机关作风转变了，广大职工素质提升了，水利厅在社会的影响扩大了。

坚持每年突出一个主题，先后开展了主题鲜明的“水利管理年”、“调查研究年”、“作风转变年”等系列活动。进一步完善规范机关权力运行制度建设等廉政建设机制，开展反商业贿赂、水利工程建设存在问题专项治理、建言献策等活动，倡导“五个带头八个表率”，规范“八项”管理，出台“十条禁令”，营造了廉洁从政的良好氛围。以加强党的执政能力建设和先进性建设为主线，以机关作风建设为切入点，开展创建学习型、效能型、服务型、廉洁型“四型”机关活动，进一步树立和维护了机关良好形象。

机关文明建设促进了全厅干部队伍素质的提高，学习理论、钻研技术的氛围更加浓厚，回馈社会的意识也更强。2009年以来，先后有3名副厅级干部晋升为正厅级干部，6名正处级干部晋升为副厅级干部，36名科级干部晋升为处级干部。目前，机关有正高级职称专业技术人员3名，高级职称专业技术人员16名，中级职称专业技术人员35名，硕士研究生16人，博士研究生6人。2009年以来，有21项成果获省科技进步奖；3项获水利部大禹水利科学技术奖。

“我们工作生活环境好，要懂得感恩，回馈社会，表示自己的一片心意。”来“慈善一日捐”捐款箱前的一位普通职工这样说。这是水利厅一直坚持的事情，近年来，水利厅各种慈善捐款近100万元。特别是青海省玉树地震发生后，水利厅率先选派24名技术骨干组成抢险队奔赴救灾一线，是全国水利系统中行动最早的。仅仅用半个小时就为灾区募集善款8.7万元，谱写出一曲湖南水利人“情系玉树，大爱无疆”的动人劲歌。

文明创建工作让水利厅拥有更完美的行业形象，扩大了水利事业在全社会的影响力。机关党委办公室里载满荣誉的证书说明了一切，厅机关2005年、2008年、2011年连续三届被中央精神文明建设指导委员会授予“全国文明单位”荣誉称号；2002年以来，一直保持“全国水利文明单位”称号；2004年以来，一直保持“湖南省文明标兵单位”称号；2001年以来，一直保持“湖南省直文明标兵单位”称号。2008年以来，水利厅连续三年被省委、省政府评为“社会治安综合治理先进单位”并被授予“平安单位”荣誉称号；被省委评为“湖南省社会主义新农村建设工作先进单位”；被省纪委评为“省直反腐倡廉建设先进单位”；被省政府评为“湖南省为民办八件实事先进集体”、“安全生产工作先进单位”、“重点建设项目组织协调管理先进单位”；被省直工委评为“省直红旗党委”；被省总工会评为“湖南省工会系统先进集体”；被团省委评为“全省红旗团委”； 2011—2012年，省防汛抗旱办公室作为全厅基层党组织、青年文明号和工人先锋号代表，被中共中央组织部评为“全国先进基层党组织”，被团中央评为“全国青年文明号”，被中华全国总工会评为“全国五一工人先锋号”。

文明创建活动为水利厅的各项工作注入了不竭的动力。现在，水利系统广大干部职工在湖南水利改革发展的新形势下，抓住大机遇、推进大改革、取得大成效的氛围中满怀豪情，为水利改革攻坚和水利事业的进一步蓬勃发展作出更大的贡献。

● 链接

湖南省水利厅获省部级以上荣誉称号光荣榜

1. 2005年10月，被中央精神文明建设指导委员会授予第一届“全国文明单位”称号

2. 2009年，被卫生部、农业部、水利部、林业局授予“全国血吸虫病防治先进集体”称号

3. 2009年1月，被中央精神文明建设指导委员会授予第二届“全国文明单位”称号

4. 2009年12月，被中共湖南省委、湖南省人民政府授予“2009年度全省社会治安综合治理先进单位”称号

5. 2009年12月，被中共湖南省委、湖南省人民政府授予“2009年度全省平安单位”称号

6. 2010年，被人力资源和社会保障部、水利部授予“全国防汛

抗旱先进集体”称号

7. 2010年1月，被中共湖南省委社会主义新农村建设领导小组授予“湖南省社会主义新农村建设工作先进单位”称号

8. 2010年1月，被湖南省人民政府授予“2009年度安全生产工作先进单位”称号

9. 2010年1月，被中共湖南省纪律检查委员会授予“2009年度省直反腐倡廉建设先进单位”称号

10. 2010年9月，被中共湖南省委、湖南省人民政府授予“湖南省民族团结进步模范集体”称号

11. 2010年9月，厅机关幼儿园被中国农林水利工会全国委员会授予“全国水利系统模范职工小家”称号

12. 2011年4月，被中共湖南省委、湖南省人民政府授予“2010年度全省社会治安综合治理平安单位”称号

13. 2011年，省防汛办被中共中央组织部授予“全国先进基层党组织”称号

14. 2011年，被国家防汛抗旱总指挥部授予“2011年全国先进省级防汛办公室”称号

15. 2011年，省防汛办被水利部、共青团中央授予“全国青年文明号”称号

16. 2011年12月，被中央精神文明建设指导委员会授予第三届“全国文明单位”称号

17. 2012年，省防汛办被中华全国总工会授予“全国工人先锋号”称号

推进水利科学发展　谱写古堰文明新篇

——四川省都江堰管理局创建全国文明单位纪实

千年古堰都江堰因水利而闻名世界，造就了富饶美丽的“天府之国”。历代治蜀者必先治水，作为当代都江堰水利工程的管理单位——四川省都江堰管理局承担着灌区工程建设、管理和向1035万亩农田灌溉、2000多万城乡人民生活用水、50多家重点工业企业及生态环境用水任务。2008年四川省都江堰管理局第二次获得全国文明单位的殊荣后，进一步深入贯彻落实科学发展观，努力提高创建工作水平，提出并实施了“素质提升、文化再造、和谐发展”三项

今日都江堰

行动，推进了都江堰水利的科学健康发展。2011年，四川省都江堰管理局再次荣获了“全国文明单位”的光荣称号，回顾从创建市优、省优到全国文明单位的艰辛历程，管理局从都江堰千年以来博大精深的水文化中，不断总结前人治水经验教训，不断提升科学调水的管理水平，从几千年的文化底蕴中汲取养分，生根发芽，开出了更加灿烂的文明之花。

组织领导有力　创建工作扎实

都江堰水利人以“建设现代和谐都江堰”目标为引领，创建工作系统推进。制定了创建规划，建立健全了一把手亲自抓、分管领导具体抓、党政工团分工负责、部门负责人具体落实的工作机制；创建活动纳入了工作目标责任制，与业务工作目标一同布置、考核、奖励，设立了精神文明建设专项资金，做到了责任到人，奖惩到位；干部职工思想和行动统一到灌区水利中心任务上来，增强了创建意识，实现了从“要我创”到“我要创”的转变；开展重要节庆日、救灾扶贫捐物捐款、对口帮扶等活动，形成了“讲文明树新风”的良好风尚；与都江堰市广电局、消防大队、青城山镇以及成都武警指挥学院等结成文明共建对子，发挥了文明单位良好的社会示范辐射作用。同时，带动灌区水管单位获得部级文明单位1个、省级最佳文明单位3个、省级文明单位4个。

都江堰管理局获全国文明单位揭牌仪式

思想教育深入　道德风尚良好

“用文明的理念滋养水利职工的灵魂，以文明的行为促进水利事业的发展”。采取“纵向联动、横向互动”、“党课大家讲”、先进典型自己讲等方式，创造性开展了保持共产党员先进性教育、社会主义核心价值体系教育、深入学习实践科学发展观和创先争优等活动。《公民道德建设实施纲要》得到深入贯彻落实，职工思想道德素养大幅提升，在工程管理、用水管理、水政执法、水利经济发展以及应急事件处理等方面创新思路、完善制度、落实措施，确保了灌区水利又好又快发展。局领导班子连年被四川省水利厅党组表彰为创“四好”活动成效显著领导班子，局党委2008年、2010年、2011年相继被厅直机关党委、省直机关工委、四川省委表彰为“先进基层党组织”。管理局还被评为“四川省职业道德建设十佳标兵单位”和“2010年全省老干部工作先进集体”。

都江堰管理局积极组织宣传、学习和贯彻公民道德建设实施纲要

学习风气浓厚　文化建设先进

都江堰管理局从2006年始，分四个阶段，即“理念开发，宣

传动员阶段；搭建平台，完善载体阶段；全面实施，典型示范阶段和形成文化，完善制度阶段”完成了持续五年的集中创建学习型党组织、学习型机关活动。通过创学活动，成功导入了学习理念，变革了学习方式，完善了学习机制，形成了“传承古堰文明，引领现代水利”的共同愿景，提高了单位和职工的学习力、创新力和核心竞争力，完善了都江堰治水思路和治水方略，形成了《都江堰灌区水利现代化规划》等重大成果。特别是结合李冰治水精神、水利行业精神和抗震救灾精神，打造了“求实创新、风正心齐、和谐发展、造福灌区”的都江堰水利新精神，深化了队伍精神文化建设；完善管理制度，严格安全、维稳和党风廉政等责任制，健全选人用人、考核奖惩等机制，加强了单位制度文化建设；通过创先争优、典型引路、党员示范，牢固树立社会主义荣辱观，并开展丰富多彩的文体活动、组建兴趣小组等，倡导健康文明的生活方式，推进了以“人际和谐”为主题的行为文化建设；搞好爱国主义教育基地建设、机关环境整治、水利工程文化风貌改造，突出了水利物质文化建设。

听取武警成都指挥学院领导介绍学院精神文明创建情况

加强民主管理　严格遵纪守法

都江堰管理局在灌区认真开展民主评议行风活动，严格执行《四川省都江堰水利工程管理条例》，建立了灌区代表大会制度和基层用水管理组织280个，保证了正常用水秩序；在党内认真贯彻《关于党的基层组织实行党务公开的意见》等规章制度，切实加强党的思想建设、组织建设、制度建设、作风建设和反腐倡廉建设，认真落实党风廉政建设责任制，树立了为民、务实、清廉的良好形象；在职工中，通过完善职代会、举行开放式民主生活会等形式，推动职工参与民主管理，改善工作条件和提高待遇，单位和职工均未发生过治安刑事案件和安全责任事故。管理局先后被评为“全省水利系统综合治理模范单位”和“安全生产先进单位”、“成都市消防工作先进单位”等。

内外环境优美　环保卫生达标

在水利工程环境方面，都江堰生态型灌区建设有序推进，渠道绿化和美化效果明显，河渠水政执法力度加强，排污得到有效治

美丽富饶的天府之国

理；在机关环境方面，完成了震后应急中心和水利博览馆的建设，建立了职工阅览室、活动室、健身房等场所，机关面貌焕然一新，保持了全国部门造林绿化400佳单位、成都市爱国卫生红旗单位等荣誉；在家属区环境方面，积极参与创建文明小区活动，营造了清洁舒适的生活环境；实施职工健康工程，定期对职工进行体检，开展健康保健讲座、心理讲座等活动，并搞好节假日走访慰问活动，采取各种措施确保职工的身心健康。保持了“省计划生育先进单位”称号。

业务水平领先　工作业绩显著

都江堰管理局坚持以灌区水利的工作业绩检验创建工作，都江堰水利现代化全面推进：供水管理上，树立以人为本理念，积极推行节约用水、计量用水、合同供水，灌区年均节水已达到3亿立方米，实行了优质服务，实现了水资源的优化配置和科学调度，灌区工业供水保证率达100%，农业用水保证率达98%以上，即使是遭遇了2008年的“5·12”特大震灾和2010年泥石流洪水灾害，也确保了灌区农田的适时满栽全种和成都市的生活、生产、生态用水；工程建设上，树立人水和谐的理念，结合灾后重建，搞好续建配套与节水改造，加强末级渠系改造，推进“数字都江堰”工程，信息系统化、灌溉自动化、技术网络化、管理科学化和供水、用水、治污、旅游等有机结合的30万亩水利现代化示范区建设初见成效，先后被评为全国水利建设与管理先进单位、全国水利信息化工作先进集体；水利改革上，树立富民强局的理念，积极推进了水管体制改革、职工聘用制改革、水价改革、多种经营项目经营方式改革，单位经济实力不断增强，年经济总收入超亿元，职工收入年均递增10%左右。

2008年，都江堰遭受了“5·12”汶川大地震的重创，在灾害面前，全体职工众志成城、不畏艰辛，忍着失去家园的巨大悲痛，积极投身于抢险救灾中，使成都市人民生活源水未停一秒。四年过去了，都江堰灾后重建任务全部完成，水利工程展现了新貌，职工搬进了新家，都江堰经受住了重重考验后，焕然一新，青春激扬。都江堰管理局站在新的历史起点上，更将把握机遇，迎接挑战，积极践行科学发展观，不断深化文明创建活动，把创建工作贯穿于推进水利改革发展的进程中，谱写古堰文明的和谐华章，迎接都江堰水利事业跨越腾飞的春天。

● 链接

四川省都江堰管理局近年获省部级荣誉称号光荣榜

1. 2005年10月，被中央精神文明建设指导委员会命名为“全国文明单位”

2. 2006年12月，都江堰管理局获“2006年度全国水利企业文化优秀奖”

3. 2006年12月7日，四川省都江堰管理局被四川省精神文明建设办公室命名为“2005—2006年度省级最佳文明单位”

4. 2008年6月，都江堰管理局被水利部授予“全国水利抗震救灾先进集体”荣誉称号

5. 2009年1月，四川省都江堰管理局第二次荣获中央精神文明建设指导委员会“全国文明单位”称号

6. 2009年10月9日，都江堰管理局被直接确认自1997年度以来的前五届“全国水利文明单位”

7. 2009年10月15日，都江堰管理局荣获第二批“全国文明单位”称号

8. 2011年6月29日，都江堰管理局被中共四川省委表彰为“全省先进基层党组织”

文明之花遍大江　人水和谐促发展

——长江水利委员会（机关）创建全国文明单位巡礼

站在武汉长江二桥上，遥望江北，一座镶嵌着蔚蓝色徽标的大楼矗立在引桥旁边，这就是长江水利委员会（简称长江委）机关所在地。来到机关大院门口："水利部长江水利委员会"十个金色大字迎面展示；绿树丛中，第一任委主任、"长江王"林一山先生的塑像慈祥可亲；放眼四周，几座不同年代不同风格的办公大楼庄重沉稳，绿顶红墙定格历史，白瓷墙面记忆时代，湛蓝幕墙肃穆耀眼；院内亭阁回廊，小桥流水，置身其中，让人的心情格外舒畅宁静。

近几年来，长江委广大干部职工在委党组带领下，扎实开展文明单位创建活动，积极践行"维护健康长江，促进人水和谐"的治江思路和新时期治江战略，大力弘扬"团结、奉献、科学、创新"的长江委精神，不但营造了单位的优美环境，更营造了人与人之间的和谐氛围。长江委党组书记、主任蔡其华说："要关心职工的全面发展，深入开展内容

蔡其华主任在唐家山堰塞湖现场

丰富、形式多样的精神文明创建活动，满足职工群众多层次、多方面、多样性的精神文化需求，始终保持全委上下昂扬向上和奋发有为的精神风貌。”

长江委干部职工一步一个脚印地努力争创文明单位，取得了一个又一个丰硕成果。

2006年，被授予“全国五一劳动奖状”；

2007年，荣获“湖北省文明单位”称号；

2008年，荣获“全国水利文明单位”称号；

2010年，荣获“湖北省最佳文明单位”称号；

2011年，荣获“全国文明单位”称号。

精选载体　扎实推进创建工作

长江委坚持把社会主义核心价值体系融入精神文明建设全过程，利用重大节庆活动的有利契机，通过精心组织纪念大会、座谈会、形势报告会等推动创建活动深入开展。

积极开展抗震救灾、植树造林、义务献血、慈善义捐、世博会志愿服务等活动，2008年向汶川地震灾区，2010年向西南大旱灾区、玉树地震和舟曲泥石流灾区累计捐款1740余万元，赢得广泛赞誉。

长江委向青海玉树地震灾区捐款

积极参与“结对共建”帮扶活动，组织实施“农家书屋”工程，近几年来，累计帮扶7个村，投入资金500多万元，落实项目资金近千万元。

广泛开展“文明机关”、“文明小

区”、“文明家庭”、“青年文明号”等创建活动，各层级文明创建蓬勃开展。丰富多彩的精神文明创建活动，有效促进了精神文明建设整体水平的提升。目前，全委共获国家级文明单位2个，省部级文明单位16个，评选出长江委文明单位57个。

深入学习　创新多种活动形式

全面扎实地开展创先争优活动，各级党组织及共产党员的先进性在抗击区域性洪涝灾害、西南五省大旱、玉树抗震救灾、甘肃舟曲泥石流灾害等关键时刻得到了充分体现，得到中组部李源潮部长的充分肯定，批示：“水利部长委的创先争优立足本职，促进中心任务的完成，起了很好的作用。”

高度重视学习实践科学发展观活动整改落实情况，多次组织“回头看”活动，群众满意度达到99%以上。

着力建设学习型组织，进一步完善党组（党委）中心组学习制度、党员教育培训规划、党组学习意见、处以上领导干部学习意见等一系列制度。

长江委举办第一届全委职工运动会

举办各种学习班。近两年来，共举办各级理论培训班20余期，培训处以上干部千余名。定期聘请专家开展专业知识的培训，组织或参与职业基本技能以及业务知识、技能等各种劳动竞赛，多渠道开展岗位练兵、技术比武活动。

繁荣文化　各项活动异彩纷呈

承办“中国水文化”网站，承担《中国水文化》和《大江文艺》杂志的编辑出版发行工作。

在水利部举办的首届中国水文化论坛上，长江委有多篇论文分获二、三等奖，并荣获组织奖。

大力弘扬水文化和长江委优秀文化，举办长江委第六届“长江之春”艺术节，涉及近10类文学艺术形式。

长江委政研会坚持每年开展多角度、多层次的理论研究，连年获得中国水利政研会一、二等奖，许多研究成果在指导工作中发挥了积极作用。

以演讲会、英语风采大赛、作品评展等多种方式传播先进文化。

积极参加湖北省直工委组织的“歌唱祖国”比赛，荣获梅花金

长江三峡水利枢纽工程

奖和组织奖；参加水利部首届“水歌曲”演唱大赛，获得优秀组织奖、团体总分第三名等多项殊荣；参加全国水利系统纪念建党90周年征文暨朗诵大赛以及水法制宣传文艺汇演，取得较好成绩；参加“水利系统离退休干部庆祝新中国成立60周年文艺汇演”，获优秀节目奖和组织奖；参加湖北省老干部健身舞总决赛，夺得大赛的最高奖项牡丹金奖。

举办职工综合运动会、离退休职工运动会，开展群众喜闻乐见的球类及防汛抢险游泳、技能比武活动。

承办首届全国水利系统羽毛球精英赛，受到水利行业参赛代表队和运动员的好评。

发扬民主　廉政普法成绩显著

长江委高度重视领导班子民主集中制建设，民主生活会质量不断提高。

严格落实党风廉政建设责任制，深入开展党风廉政建设宣传教育月、廉政文化进机关、领导干部任前廉政知识测试等活动，严格落实领导干部述职述廉、诫勉谈话、个人重大事项报告等制度，领

导干部廉洁自律的意识进一步提高。

按照“五五”普法工作要求，坚持开展“一月一法”学习宣传活动，法制宣传教育始终处于常态化、日常化。每年组织法律知识考试，不断提升依法行政水平和职工法律意识。结合“世界水日”、“中国水周”和“1·4”全国法制宣传日，开展主题宣传。

积极参与全国法制好新闻、法制漫画、廉政书法、普法图片巡展等多项活动，均取得良好成绩。

每年开展“安全生产月”活动，安全生产观念深入人心。委大院管理规范，内部消防、治安状况良好。

认真做好信访工作，消除不安定因素，连续多年确保了“五个为零”目标的实现。2010年被评为“全国水利信访工作先进集体”和“全国安全生产月活动优秀单位”、“社会治安综合治理先进单位”、“防范和处理邪教工作先进单位”荣誉称号。

履职尽责　管理协调　成效明显

举全委之力，成功应对2008年初南方部分地区雨雪冰冻灾害，圆满完成了四川汶川、青海玉树水利抗震救灾和甘肃舟曲特大山洪泥石流抢险救灾等各项任务，被中共中央、国务院和中央军委联合授予“全国抗震救灾英雄集体”称号。

充分发挥长江防总的统筹协调和流域机构的技术支撑作用，有效应对2010年长江流域区域性大洪水，保障了人民群众生命财产安全。

开展第三次长江源考察。2010年10月16日至30日，长江委进行了成立以来规模最大、参与人员最多的一次多学科、多专业综合技术考察，考察队员们排除万难，成功登顶姜根迪如冰川，圆满完成了考察任务。

严格实施水工程建设规划同意书、洪水影响评价、入河排污口设置审查、取水许可和水资源论证等制度，推进依法治江和依法行政。

大力推进行政审批制度改革，在流域机构中率先实行“窗口”服务，共受理行政许可事项近1300项，办结1200多项。

长江委第三次组织长江源考察活动

单位内部和谐稳定，政事企关系进一步理顺，事业发展和经济发展能力明显增强。

治江人才引进和培养不断加快，治江高级人才计划深入实施，初步形成了以国家级省部级专家为龙头、以水利部“5151人才工程”人才为中坚、以覆盖各专业各学科的优秀青年人才为支撑的三级人才队伍体系。

在全委干部职工的共同努力下，长江委三个文明建设取得了较好的成绩，得到了中央、水利部及地方政府领导的肯定和高度评价。2010年，温家宝总理亲临长江委视察指导，对长江委的工作给予了充分肯定。陈雷部长多次莅临长江委检查指导工作，并给予高度评价。湖北省委书记李鸿忠、省长王国生也多次到访，充分肯定并感谢长江委多年来对确保长江安澜、推动湖北中部崛起作出的突出贡献。

长江委文明创建成绩的取得，离不开部党组、部文明委的正确领导和亲切关怀，离不开水利部精神文明办公室的具体指导和大力支持。长江委将以“全国文明单位”为新的起点，在水利部党组的坚强领导下，不断巩固和扩大精神文明建设成果，为推动治江事业科学发展作出新的更大贡献！

● 链接

长江委获省部级以上荣誉称号光荣榜

1. 2006年，被授予“全国五一劳动奖状”

2. 2007年，荣获“湖北省文明单位”称号

3. 2008年，荣获“全国水利文明单位”称号

4. 2010年，荣获“湖北省最佳文明单位”称号

5. 2010年，被中共中央、国务院、中央军委授予“全国抗震救灾英雄集体”称号

6. 2010年，被评为“全国水利信访工作先进集体”

7. 2010年，被评为“全国安全生产月活动优秀单位”

8. 2005—2011年，连续四届获湖北省“党建工作先进单位”称号

9. 2011年，被国家体育总局授予“全国职工体育示范单位”称号

10. 2011年，荣获“全国文明单位”称号

11. 2012年，荣获“全省信访系统先进集体”称号

12. 2012年，荣获“全国绿化先进集体”称号

文明花开促治淮

——淮河水利委员会（机关）创建全国文明单位纪实

淮河，源桐柏，越平川，穿荆涂，浩浩荡荡奔流入海。

她孕育了灿烂的淮河文化，哺育了无数淮河儿女。历经岁月的洗礼，如今的淮河两岸，正以她矫健的身姿在全面建设小康社会大道上演绎着科学发展、加快崛起的恢弘乐章。

在这背后，有一支坚守岗位、履职尽责，为淮河流域经济社会发展默默奉献的集体，这就是水利部淮河水利委员会（简称淮委），一个奋发有为的先锋团队，一个阔步向前的光荣集体，他们肩负着先辈未尽的事业，服务着淮河两岸的人民。

淮河蚌埠闸枢纽

在水利部党组的坚强领导下，淮委党组团结和率领广大干部职工推动治淮科学发展，深入持久地开展群众性文明创建活动，使精神文明与治淮事业相辅相成、相得益彰、协调发展。

加强组织领导　营造创建氛围

淮委有一个干事创业、坚强有力的领导核心。淮委党组深入贯彻落实科学发展观，始终坚持“两手抓，两手都要硬”，把精神文明创建工作列入重要议事日程，纳入年度考核目标，层层落实责任制，创建活动的组织、计划、经费、检查、考评、奖惩等机制健全。制订实施《水利部淮委精神文明建设2010—2014年工作规划》，制订年度工作计划。在精神文明建设中领导干部模范带头，职工群众热情参与，形成了浓厚的创建氛围。

深入开展创先争优活动，确立“科学发展创先进，推进治淮争先锋”主题，以精神文明建设为重要载体，开展“治淮文明建设工地”、军民共建、文明小区、“工人先锋号”、“青年文明号”等创建活动，积极开展文明单位结对共建，持续做好援藏援疆和援边工作，及时选派技术专家支援西南抗旱和泰国防洪。加强机关效能建设，“三项经费”压缩成效显著。涌现出一批先进典型，4年来，先后有11个集体、18人次受到省部级以上奖励。职工群众切身感受到了创先争优活动带来的新气象、新变化。

坚持学雷锋精神，开展便民服务

强化思想教育　形成良好风尚

淮委坚持把社会主义核心价值体系融入职工教育、精神文明建设和党的建设全过程，贯穿于治淮实践。围绕新中国成立60周年、治淮60周年、建党90周年等重大节庆活动和迎接党的十八大胜利召开，举办“我与祖国共奋进”、“讲文明、树新风”等主题教育活动，大力弘扬“献身、负责、求实”水利行业精神，激励干部职工在进一步治淮中建功立业。广泛开展形势政策教育、国情教育、革命传统教育和改革开放教育，开展爱国主义教育和民族团结进步教育，引导职工树立正确的世界观、人生观、价值观。认真细致做好思想政治工作，深入基层走访慰问，妥善处理群众来访来信，队伍稳定，单位和谐。

贯彻《公民道德建设实施纲要》，践行社会主义荣辱观，深入开展学雷锋和“创建文明机关、争做人民满意机关工作人员”等活动，组织开展志愿服务和扶贫帮困等道德实践活动。4年来，职工累

2010年西南大旱淮委派专家组帮助找水

计捐款54.2万元。积极推进“四德”建设，突出抓好诚信教育，职工修身律己，自觉履行法定义务、社会责任和家庭责任。4名职工家庭获蚌埠市“五好文明家庭”。思想道德建设和精神文明创建的深入推进，弘扬了知荣辱、讲正气、作奉献、促和谐的文明新风，提高了干部职工思想道德素质和单位文明程度，进一步弘扬了社会主义文明道德风尚。

倡导优良学风　文体活动丰富

着力加强学习型党组织建设，委党组成员率先垂范，坚持中心组学习制度，努力做学习型党组织建设的精心组织者、积极促进者和自觉实践者。通过设立学习型党组织示范点、建设“职工书屋”、开展“创建学习型党组织、争当学习型党员”和“创建学习型组织、争做知识型职工”等活动，广大职工更加坚定走中国特色社会主义道路的理想信念，更加坚定投身治淮事业积极性和创造性，夯实了精神文明建设的基础。

重视人才队伍建设，制订并实施淮委人才队伍“十二五”规

淮委青年志愿者骑车环城宣传水法

划、教育培训规划和年度计划。坚持干部更新知识轮训，鼓励干部职工参加继续教育，联合高校、党校、行政学院开展领导干部和专业技术人员培训，举办博导系列讲座，选拔培养学术技术带头人等，干部职工的科学文化素质和工作业务能力得到提高，知识结构不断优化。3人入选水利部“5151”人才工程部级人选。

认真贯彻落实党的十七届六中全会精神，加强水文化建设，在纪念新中国治淮60周年活动中，推出了一批文化精品，发行新中国治淮60周年纪念邮票和首日封，建成治淮陈列馆，中央电视台摄制播出纪录片《望淮河》，发行《新中国治淮60年》文本，出版纪念文集、画册。2010年出版发行《中国河湖大典·淮河卷》，组织续修淮河志。每年都以“世界水日”、“中国水周”为主题，大力开展水法制和水文化宣传教育。

坚持开展群众性文体活动。举办庆祝建党90周年歌咏会、文艺汇演、演讲、朗诵和“学习中央1号文件知识竞赛”等活动，开展摄影、书法、手工艺等才艺展示。经常组织各类球赛，每年举办职工运动会，广泛普及科学知识，评选“健康（运动）之星”，培育干部职工崇尚科学、反对迷信，倡导健康文明的生活方式。丰富多彩的活动，活跃了广大职工业余生活，塑造了文明单位的社会形象，增强了集体凝聚力和团队精神。淮委先后获得国家体育总局“全民健身活动先进单位”和中国水利体育协会“全国水利行业群众体育先进单位”称号。

实现民主管理　职工遵纪守法

依法行政，热情服务，积极推进政务、事务公开，加强门户网站建设，三年来，主动公开政府信息2322条，累计受理行政许可申请786项。开通“在线服务BBS”，畅通与群众沟通的渠道，淮委门户网站已成为政务公开、形象展示和对外服务的主要窗口，2010年荣获“水利行业优秀政府网站”称号。坚持和完善民主管理制度，委及直属单位全部建立健全职工代表大会、重大问题和重要事项集体决策等管理制度，保障职工的合法权益。

推进廉政文化进机关、进基层、进工地，开展“四个安全”、厉行节约和岗位廉政等专项教育，不断强化干部职工廉洁从政意识和拒腐防变能力。社会治安综合治理责任落实，人防和技防措施完善，防范网络健全，民主法制教育经常化、制度化。单位内部治安状况良好，工作纪律严明，各项安全制度落实，无重大安全质量责任事故。干部职工自觉遵纪守法，无严重违法违纪案件，无“黄、赌、毒”等丑恶现象，无邪教活动，无重大失、泄密事件，无刑事案件，无群体性事件。落实人口与计划生育政策，计划生育率100%，各项指标符合规定。

注重环境保护　内外环境优美

淮委积极开展爱国卫生运动，办公区环境优美，秩序井然，办公室窗明几净，无脏、乱、差现象。落实卫生防疫制度，工作区、生活区定期进行消毒，无传染疾病发生。宣传普及疾病预防、健康保健知识，每年对职工进行体检，引导树立良好的卫生和行为习惯。严格使用和保管好水质检测的各种化学制剂。着力推进节能减排，节电、节油、节水效果明显。加强环境保护宣传教育，与周边环境和谐发展，无污染责任事故，无群众投诉环保案件，在建设资源节约型、环境友好型社会中发挥示范带头作用。2012年淮委荣获“安徽省卫生先进单位”称号。

求真务实发展　治淮实绩显著

坚持以科学发展为主题和以加快转变经济发展方式为主线，淮

临淮岗洪水控制工程获鲁班奖

委认真贯彻落实2011年中央1号文件和中央水利工作会议精神，按照国务院治淮工作会议部署，扎实做好治淮工作。全面建成了治淮19项骨干工程，淮河入海水道近期工程等一批项目荣获“中国建筑工程鲁班奖”、“中国土木工程詹天佑奖”等奖项。新一轮治淮建设已付诸实施，加快推进蓄洪区居民迁建和病险水库除险加固，民生水利建设成效明显。相继完成了淮河流域综合规划等16项规划，依法加强涉水事务管理。实践防汛抗旱“两个转变”，保障流域防洪安全和供水安全。以落实最严格的水资源管理制度为抓手，深入推进水资源管理与保护。开展淮河与洪泽湖关系等4个重大课题研究，搞好科研成果转化应用，4年来，有17项成果荣获省部级以上奖励，其中获国家科技进步二等奖1项，省部级特等奖1项。

文明之贵，贵在传承，贵在积累。淮委将更加自觉、更加主动地抓好精神文明建设，努力在推动进一步治淮上作出新贡献，在促进改革发展稳定上迈出新步伐，在满足职工精神文化需求上取得新进展，以优异成绩庆祝党的十八大胜利召开！

● 链接

淮委近年来获得省部级以上荣誉称号光荣榜

1. 2009年1月，淮委（机关）被中央精神文明建设指导委员会授予“第四批全国精神文明建设工作先进单位”称号

2. 2009年4月，淮委被中华全国总工会授予全国“五一劳动奖状”

3. 2009年10月，淮委（机关）再次被水利部确认为“全国水利文明单位”，连续10年保持“全国水利文明单位”荣誉

4. 2009年12月，淮委被国家体育总局授予“全民健身活动先进单位”称号

5. 2010年12月，淮河防汛办公室（淮委）被国家防汛抗旱总指挥部、人力资源和社会保障部、解放军总政治部授予“全国防汛抗旱先进集体”称号

6. 2011年10月，淮委被安徽省委、省政府授予第九届“安徽省文明单位”称号，第四次蝉联“安徽省文明单位”称号

7. 2011年12月，淮委（机关）被中央精神文明建设指导委员会授予“全国文明单位”称号

8. 2011年12月，淮委被安徽省爱国卫生委员会授予“安徽省卫生先进单位”称号

松辽水利人的不懈追求

——松辽水利委员会（机关）创建全国文明单位纪实

巍巍长白山下，茫茫黑土地上，盘绕着两条蜿蜒曲折的银色巨龙，它就是涵括东北诸河、国际界河（中国侧）流域面积124万平方公里的松辽流域。

在这块神奇的土地上，松辽水利委员会（简称松辽委）在水利部党组的正确领导下，与流域内各省（区）密切配合，深入贯彻落实科学发展观，积极践行可持续发展治水思路，准确把握流域水利发展与改革方向，“三大体系”建设快速推进，流域管理“三个转变”方向更加明确，科学确定和优化配置“三个能力”的措施显著增强，为实

美丽的松花江风光

现流域水利和经济社会持续、协调、健康发展提供有力支撑，谱写了新时期水利颂歌。

抓创建　文明单位水平进一步提升

松辽委党组高度重视文明单位创建工作，在抓好物质文明建设的同时，把精神文明建设提到了更加突出的地位，列入领导干部目标责任制，做到了精神文明建设常抓不懈。

健全组织，实行“一把手工程”。根据工作需要及时调整松辽委精神文明建设领导协调委员会和办公室成员，委党组书记、主任为第一责任人，直属机关党委书记为专职责任人，确立了以提高职工素质为重点，树立行业形象为目标，创建文明单位为内容的工作思路。各基层单位也成立相应的组织，形成了一级抓一级、层层抓落实的体系。

向扎龙湿地补水

工作到位，实行“一岗双责”。领导干部肩负起精神文明建设的重要责任，把精神文明建设摆在更加突出的位置，列入领导目标责任制，把业务工作与精神文明建设作为统一的目标，一起安排部署，一起推进落实，一起检查考核，一起总结表彰，建立了精神文明建设目标责任制，两副担子一肩挑，两项责任一起负，一级对一级负责，有关部门密切配合，群团组织具体参与，做到计划周密、目标明确、措施具体、责任落实，形成了“上面管、中间抓、下面做和全员都参与”的格局。

创新丰富活动内涵。领导班子团结协作，作风民主，开拓创新，勤政廉政，以身作则，在创建活动中发挥模范作用。党政工团层层落实创建工作责任制，全体员工普遍参与创建活动，把中央关于树立科学发展观、文化建设、和谐创建活动，建立资源节约型、环境友好型社会等新精神、新要求及时贯彻到活动中，不断赋予精神文明创建工作新的内涵，切实提高精神文明创建工作总体水平。

抓教育　职工思想道德素质和能力进一步增强

针对新形势下职工特别是领导干部的思想实际和工作实际，不断研究新情况、解决新问题、探索新办法，多途径、多内容、多形式、多角度对职工进行教育。

抓理论学习。委党组始终把理论学习作为首要任务来抓，坚持用科学理论武装全委职工。利用中心组学习、脱产培训、举办专题学习班、报告会和知识竞赛等形式，组织职工学习，胡锦涛总书记的重要讲话，党的十七大和十七届五中、六中全会精神等，每年都

察尔森水库大坝

制定全年的理论学习计划和政研工作安排意见，对全年的理论学习和政研工作进行安排与布置，针对不同层次人员的学习提出具体要求。利用松辽水利网视频点播系统，在“政工园地·理论学习”中播放，为基层党组织学习提供参考

抓主题教育。以改革开放30年、庆祝建国60年、庆祝建党90年等重大节日和纪念日为契机，开展一系列主题教育活动；组织开展先进事迹学习活动，大力弘扬“献身、负责、求实”的水利行业精神，积极开展深入细致的思想政治工作，引导广大职工树立正确的思想信念和世界观、人生观、价值观。以百年奥运为契机，制订职工健康活动五年规划，利用身边的场地和条件组织开展丰富多彩的文化体育活动，提升职工的身体素质和精神境界。

树立社会主义荣辱观。深入推进社会公德、职业道德、家庭美德、个人品德建设，积极培养先进典型，运用榜样力量引导职工自觉履行法定义务、社会责任、家庭责任。积极参与赈灾募捐、捐资助残、义务献血等献爱心活动。2008年为汶川特大地震捐款共16万余元，交纳“特殊党费”28万余元，团员青年以及青年文明号集体的捐款1.9万余元，工会开展“情系地震灾区捐款捐物”活动，有558名职工参加了向灾区捐献一元钱的活动。2010年为玉树地震捐款8.2万元，为吉林省抗洪救灾捐款16.88万元，3年“双日捐1”8.4万元。

松辽委党员缴纳特殊党费，支援汶川地震灾区

抓载体　学习风气浓厚　松辽委精神进一步弘扬

以和谐文化建设为着力点，积极引导广大职工树立和谐理念，培育和谐精神，充分发挥和谐文化的思想引导作用、价值引领作用和道德规范作用，使和谐文化渗透到精神文明建设的各个方面，成为全委广大职工奋发向上、团结和睦的精神纽带。

一是构筑开放式、多层次的学习体系。积极开展创建学习型党组织、创先争优等活动，坚持对职工进行科学文化知识、业务技能培训以及形势政策和国情教育，形成全员学习、终身学习、自觉学习的良好风尚。建立了以在职学习为主、脱产学习为辅，非正规学习教育为主、学历教育为辅，主动自学和组织学习并重的多渠道、广覆盖的学习网络，形成以素质教育为核心，以知识更新为重点的终身教育学习体系，力求使每一层次、每一岗位、每一年龄段的职工都拥有适合自己的学习组织、学习场所和学习机会。

二是选好活动载体。以和谐文化建设为着力点，大力开展企业文化、廉政文化、水文化等群众性和谐文化建设，形成团结互助、平等友爱、融洽和谐的人际关系。同时，通过开展读书活动，举办报告会、讲座演讲、学习论坛、知识竞赛、业务技能大赛等，不断激发职工的学习热情和积极性，提高职工综合运用多种知识解决实际问题的能力。

松辽委举办主题系列演讲比赛

三是建立互动平台。大力推进《东北水利水电》、《松辽论坛》等期刊和松辽委网站建设，开辟各类专栏，深入开展精神文明建设的宣传教育活动；充分发挥职工思想政治工作研究会的作用，广泛开展思想政治工作研究；充分利用委内外宣传工具，对职工进行形势任务、艰苦奋斗、理想信念、职业道德和安全生产等方面教育；激发了职工士气，凝聚了人心，营造了良好的氛围，使“团结治水、求实奉献、服务松辽、争创一流”的松辽委精神得到进一步弘扬。

四是塑造良好形象。崇尚科学，反对迷信，倡导健康、文明的生活方式。落实卫生防疫制度。做好人口与计划生育工作，计划生育率100%。坚持开展群众性文体活动，职工精神文化生活丰富多彩、健康向上。

抓作风　职工思想觉悟得到进一步显现

在文明单位创建活动中坚持抓党风、促政风、带行风，努力营造和谐的党群关系和干群关系。

尼尔基水利枢纽工程

加大内部监管力度。严格执行水利部党组《关于改进水利部直属机关党员领导干部民主生活会的实施意见》，对领导班子民主生活会，抓好三个环节，确保民主生活会质量；实施了干部选拔任前公示制度，把一批德才兼备的年轻干部选拔到了领导岗位；以工作实绩为依据，强化各级班子和处级干部的考核工作。严格水利建设资金使用管理，积极探索监察审计工作有效方法，加强企事业单位内部控制制度的建设，有效地贯彻了“关口前移、重在防范”的指导思想。健全民主管理制度，实行政务公开，重大问题和重要事项集体决策。

建立和完善各项规章制度。进一步完善党组内部的议事和决策制度。研究制订《松辽委党组党风廉政建设责任制实施办法》、《松辽委监察审计联系制度》和《松辽委领导干部经济责任审计联席会议制度》，加强对干部的监督管理。研究制订《松辽委加强和改进思想政治工作实施办法》，推行思想政治工作责任制，使思想政治工作更具有可操作性、规范性。通过建立健全领导干部接待群众来访制度，全面推行首长问责制、限时办结制、责任追究制等有利于改进作风的管理办法和规章制度，切实改进领导方式，提高工作效率，创新管理方式。

加强民主法制教育，严格遵纪守法。落实社会治安综合治理措施，治安防范网络健全，民主法制教育经常化、制度化。领导干部无违法违纪案件，全体职工无严重违法违纪案件及刑事案件，无“黄、赌、毒”等丑恶现象，无邪教活动，无重大失、泄密事件，无群体性事件。

松辽委机关秉承“献身、负责、求实”的水利行业精神和“团结治水、求实奉献、服务松辽、争创一流”的松辽委精神，积极进取、开拓创新，不断推进精神文明建设，在松辽大地上再次奏响文明单位创建新的凯歌。

● 链接

松辽委获省部级以上荣誉称号光荣榜

综合类

1. 2008年，被吉林省直属机关团工委授予“吉林省直机关五四红旗团委”称号

2. 2007—2011年，连续5年被吉林省直党工委评为党的工作目标管理责任制先进单位

3. 2011年，被吉林省直机关党工委授予“先进基层党组织”称号

4. 2010年，被国家体育总局授予“全民健身活动优秀组织奖”

5. 2010年，被国家防汛抗旱总指挥部、人事部、总政治部授予“全国防汛抗旱先进集体”称号

6. 2010年，被中共吉林省委、省政府授予“防汛抗洪抢险救灾先进集体”称号

7. 2009年，松辽委（机关）被中央精神文明建设指导委员会授予“全国精神文明建设工作先进单位”称号

8. 2011年，松辽委（机关）被中央精神文明建设指导委员会授予第三批“全国文明单位”称号

9. 2009年，被长春市政府授予“交通安全示范企业”称号

技术类

1. 2009年，被吉林省委吉林省政府授予“吉林省节约用水先进单位”称号

2. “松嫩平原洪水资源利用及湿地水文驱动修复研究”获水利部

大禹水利科学技术奖二等奖

3.“东北黑土区水土流失综合防治技术体系研究”获水利部大禹水利科学技术奖三等奖

4.“松花江干流水质模型及水环境管理信息系统”获水利部大禹水利科学技术奖三等奖

5. 2011年，“基于气陆耦合的多模型多模式洪水联合预报关键技术及应用”获水利部大禹水利科学技术奖二等奖

以文化人铸精神　以德兴院强品牌

——中国水利水电科学研究院精神文明建设的探索与实践

在风景如画的玉渊潭湖畔，一幢深灰色大楼傍水而立，庄严中不失灵动，巍然中不乏秀美。特别是在夜幕降临时，变幻的霓虹洒落在大楼的玻璃幕墙上，好似银色的水帘有韵律地波动。但凡由此经过的人，无不被楼顶醒目的中英文标识牌所吸引——这就是中国水利水电科学研究院（以下简称中国水科院）的主办公楼。步入主楼，大厅的陈设虽不高档奢华，也非婉约秀丽，却经巧妙布局，将整个空间设计成院史和科研成果的展厅，别具人文气息，令人耳目一新。

中国水科院在长期的精神文明建设实践中，不仅将“硬件”

中国水利水电科学研究院主楼

建设作为推动精神文明建设发展的重要举措，而且特别注重创新文明创建活动，逐步提高精神文明的“软实力”。近年来，该院以思想道德建设为根本、以制度建设为保障、以文化建设为依托，围绕“和谐水科、活力水科、人文水科”三大主题，努力在开拓创建思路、完善长效机制、提升创建水平、取得创建实效上下功夫，为实现世界一流的水利水电科学研究院的宏伟目标提供了强大的精神动力和智力支持。

思想点亮心灯　水科构筑和谐

思想道德建设是精神文明建设的根本与核心。中国水科院在精神文明建设工作中，大力弘扬健康文明、积极向上的道德风尚，将扎实推进社会主义核心价值体系建设贯穿始终，为推动水利水电科研事业又好又快发展营造了和谐的环境氛围。

在思想政治教育方面，中国水科院坚持在中心组学习上求深度，每年举办6次集中学习，内容涵盖党的大政方针、当前形势、科技前沿、廉政教育等，切实发挥党委中心组的龙头作用。坚持在

举办院史成果展览

建院50年出版《百人回忆与访谈》

党员干部学习上抓力度，每年举办处以上干部或基层党组织书记培训班，并通过组织参观警示教育基地、观看教育影片等形式，强化党员干部理论武装和法制教育。坚持在基层党员学习上重广度，每年为全院党员推荐学习书籍、发放学习资料、开设特色讲座、安排党课教育等，提高广大党员的政治素养和学习能力。

在端正院风学风方面，中国水科院为鼓励自主创新，弘扬求真务实、开拓创新、团结奉献的院风学风，近年来相继制定了《重大科技创新成果奖励办法》、《科学技术进步奖奖励办法》、《开放研究基金项目管理评审办法》等，加大对原创性和自主知识产权等科技项目的支持力度。同时，还大力推进科研诚信建设和职业道德建设，严格立项审批管理，对违规者采取严厉措施，同时记录信誉档案。

在先进典型引路方面，中国水科院努力发挥以七位院士为学科领军人物的示范激励作用，在全院营造学、比、赶、超的良好风气，激发广大科研人员的创新斗志。“十一五”期间，新增全国杰出专业技术人才1人、新世纪百千万人才工程国家级人选3人、享受政府特殊津贴专家5人、中国青年科技奖1人、水利部青年科技英才3人，还有一批优秀人才获得一系列全国性专项人才奖励等。通过在院刊、网、栏三大宣传阵地开辟“星光灿烂”、“先进人物风采”、“身边的共产党员”、“时代的雷锋精神”等专栏，大力宣传身边先进人物的优秀品质和敬业精神，倡导良好风尚。

机制保驾护航　水科迸发活力

制度建设是精神文明建设的支点和保障。中国水科院精神文明建设的实施推进注重与制度准则相匹配，形成了一整套健全规范的领导保障机制、考核激励机制、民主管理机制和成果共享机制，为精神文明之舟持续前行保驾护航。

在十多年的探索改进中，中国水科院精神文明建设工作形成了一套横向到边、纵向到底、覆盖全院的精神文明创建工作体系，并始终坚持“四个不变”，即单位主要领导担任精神文明建设领导小组组长、副组长的分工不变；党委工作部门主抓精神文明创建活动的责任不变；党、政、工、青、妇、科技、后勤、社区等部门各负其责的要求不变；全院干部职工参与创建活动的格局不变。在经费落实保障机制方面，院每年划拨50万元精神文明建设专项基金，上不封顶，确保精神文明活动的顺利开展。

把精神文明建设有关指标纳入职工年度考核项目，是中国水科

组织干部参观周恩来、邓颖超纪念馆

院的创新之举。在技术岗位考核中设置和谐与发展指标，在企业绩效考核中设置企业文化与精神文明建设赋分标准，使精神文明建设工作与业务工作真正实现了同部署、同考核。此外，该院始终坚持细胞工程，通过颁布施行一系列管理制度，在全院各领域定期组织开展表彰先进活动，充分调动职工的积极性和创造性。

中国水科院遵循科学民主的决策制度，凡有关院发展方向、职工切身利益的重大事项都由党委领导班子集体决策。同时，坚持发挥职代会参政议政、民主监督的作用，发挥科技委咨询议事的作用，坚持推进党务、政务公开，并开设专用邮箱，广泛征集职工意见，进一步畅通渠道、增进沟通。

从2000年起，中国水科院坚持每年为职工办理十件实事，用实际行动使精神文明建设工作的丰硕成果惠及全院职工群众。实事内容涉及办公住宅条件的改善、绿色优美环境的建设、安全可靠的生活保障体系的建立、职工健康福利的关心等各方面，赢得了全院职工群众的高度好评。

文化铸就精神　水科彰显风采

文化建设是精神文明建设的依托和重要组成部分。中国水科院以50余年深厚的文化底蕴为基础，将富有时代特征和水科特色的现代文化元素注入到精神文明建设之中，不断提高文化软实力，彰显水科文化魅力，塑造独特品牌形象。

正确的战略定位和发展目标是引导中国水科院科学发展的行动指南。2004年，院领导提出“瞄准一个目标、抓住两个重点、提高三种能力、建成四大基地、搞好五个建设、达到六个一流”的总体发展思路，明确了在2020年力争建成世界一流水利水电科学研究院的宏伟目标；2007年，组织编制“十一五”至2020年总体发展规划；2010年，再次提出“十二五”期间“六个一”的阶段性目标和

“十个十”的具体要求。通过对战略目标的阐释与宣传，全院形成了上下齐心协力、共谋发展的生动局面。

凝练院所精神，挖掘文化内涵是构建水科文化体系的根基。近年来，中国水科院先后总结凝练了“创新、求实、敬业、奉献”的水科院精神；编制了职工文明用语和职工手册；举办了“百人回忆与访谈录”等多项文化活动；设计制作了印有院标识的系列物质产品。特别是历时9个月编撰完成的《中国水利水电科学研究院文化手册》，围绕理念、行为、企业特色和未来四大篇章，对战略理念、特色文化、价值理念、行为准则、院属企业文化以及文化发展方向进行了系统的整理和阐述，这是中国水科院多年来文化建设成果的总结和提炼，也将成为今后文化建设工作的先导和指南。

开展文化建设调研活动为水科文化体系的最终形成奠定了扎实的理论基础。2007年起，中国水科院通过走访兄弟单位、深入基层座谈、发放调查问卷等形式，相继开展了院科技人员价值取向调研、水利科研单位文化建设研究、科研院所创新文化建设研究和科研院所党内人文关怀课题调研，取得了一批理论价值和实践价值兼备的调研成果。

创新文化载体，开展丰富的文化生活是水科文化体系的中心环节。中国水科院每年通过推荐学习书目、开展征文活动、汇编学习成果、举办学习讲座等，满足职工多层次需求。在创先争优活动中，成功举办了19期“名家讲坛”、6期“院士论坛”、7期“职能部门业务知识系列讲座”、

邀请中外学者做客名家论坛

5期“水利水电专业知识系列讲座”，以新颖的形式推动了学习型党组织建设。在重大纪念节庆日，院工青妇组织也发挥各自优势开展特色文化活动，举办职工文艺汇演、摄影书法美术展、集邮展、演讲比赛、征春联比赛、健身大步走以及各类体育赛事活动，丰富职工文化生活，提升职工文化素养。

热心公益事业，积极承担社会责任是对水科文化体系的深化与拓展。中国水科院积极组织开展了“讲文明、树新风”、“做文明有礼的北京人”等系列活动，并将文化演出引入社区，为创建和谐宜居的高科技核心区奉献力量。深入开展“城乡携手、共建文明”活动，与北京市怀柔区景峪村签订框架协议，充分发挥科研、人才优势，通过捐赠图书、光盘、办公设备，搭建“妇女儿童之家”，互访互学以及购买其特色农产品等活动，加强农村思想文化阵地建设，促进村民持续增收。坚持开展“送温暖、献爱心”活动，面对近年频发的地震、水旱灾害，全院职工纷纷伸出援手，共有8600余人次，向灾区捐款145万余元，充分体现了对灾区人民的大爱之心，彰显了水科风采，铸就了水科品牌。

中国水利水电科学院帮助组建乡村“妇女儿童之家”

中国水科院凭借坚实有力的思想道德支撑、健全完善的制度机制保障和健康向上的文化氛围熏陶，科研事业不断攀升，近五年共获得国家科技进步奖12项、省部级奖103项，提交科研报告3108份，发表论文3556篇，出版专（译）著193部，取得专利144项，全院科研合同额也翻了一番。当前，中国水科院正在进行全新的探索与实践，力求以构建文化体系为突破口，不断巩固和深化精神文明创建成果，让文明之花处处盛开，文明硕果年年飘香。

● 链接

中国水利水电科学研究院获省部级以上荣誉光荣榜

综合类

1. 2006年，被授予“全国三八红旗集体”称号

2. 荣获“2006年中央国家机关文明单位”、“首都文明单位”和“2006年度全民健身活动先进单位”光荣称号

3. 2007年,被授予“全国爱国拥军模范单位”和2007年度“中央国家机关文明单位标兵”称号

4. 荣获“2007年中央国家机关文明单位”、“首都文明单位”和全国农林水利系统“和谐事业单位”光荣称号

5. 2008年,荣获“全国水利抗震救灾先进集体”、“水利部直属机关抗震救灾先进基层党组织”称号

6. 荣获第四批“全国精神文明建设工作先进单位”称号

7. 荣获2008年度“中央国家机关文明单位标兵”、全国农林水利系统“和谐事业单位”、“全国水利系统职工文化先进集体”称号

8. 荣获2009年度“中央国家机关文明单位标兵”和“首都文明单位”称号

9. 被水利部文明委重新确认为“2000—2001年度全国水利文明单位”

10. 荣获“全国水利体协2007—2008年先进单位”称号

11.荣获“全国亿万职工健身活动月先进单位”和“全民健身活动先进单位”称号

12. 2010年，荣获“全国亿万职工健身活动月先进单位”和“全民健身活动先进单位”称号

13. 2011年，被授予“全国文明单位”称号和“中央国家机关先进基层党组织”称号

14. 荣获2011年度“首都文明单位”、“全民健身活动先进单位”称号

15. 被授予“2006—2010年全国水利行业群众体育先进单位”称号

16. 荣获“中央国家机关五四红旗团委”荣誉称号

17. 2012年，复审通过，荣获“中央国家机关文明单位标兵”称号

科研成果类（国家级奖励）

1. 2008年，“游荡性河流的演变规律及在黄河与塔里木河整治工程中的应用”项目、“高坝抗震分析时域显式整体分析法与场址地震动输入确定及工程应用”项目、“重大泄流结构耦合动力安全理论及工程应用”项目和“中国水资源及其开发利用调查评价”项目分别获得国家科技进步二等奖

2. 2009年，“海河流域洪水资源安全利用关键技术及应用”项目、“高坝工程泄洪消能新技术的开发与应用”项目、“中国分区域生态需水”项目分别获得国家科技进步二等奖

3. 2010年，“200米级高碾压混凝土重力坝关键技术”项目获得国家科技进步二等奖

4. 2011年，“水利与国民经济互动关键技术研究” 项目获得国家科技进步二等奖

文明催开花千树　科学发展创一流

——南京水利科学研究院创建全国文明单位纪实

一份荣誉，折射出文明单位的深厚文化底蕴；一番成就，凝聚着科研院所承载的沉甸甸的社会责任；一种精神，彰显了水利人奋发进取的昂扬斗志。

作为我国最早成立的水利科研机构，南京水利科学研究院（简称南科院）开辟了我国水工模型试验、土工试验和水工仪器制造的先河，被誉为中国水利科技的发源地和水利科技人才培养的摇篮。历经70多年的风雨洗礼，在几代人的共同努力下，南科院已经发展成为人才荟萃、实力雄厚的国家级社会公益类非营利性科研机构，成为向世界展示我国水利、交通、能源领域中领先科技的重要窗口，成为绽放在长江之畔、毓秀金陵中的一朵美丽奇葩。2011年，南科院被中央精神文明建设指导委员会授予“全国文明单位”称号。

——题记

【创新篇】

丰硕成果奠定文明基石

从1935年成立，到2009年正式更名为“水利部交通运输部国家能源局南京水利科学研究院”，再到国家“十二五”规划的顺利开局，隶属关系更迭，时事风云变幻，不论是战火纷飞的年代，还是“文化大革命”动荡的十年，南科院人坚定的前进步伐从未停止。

南京水利科学研究院办公大楼

“十一五”期间，南科院制订了学科建设实施方案和科技人才发展规划，确立并实施了发展“三步走”的基本战略，高度重视基础性、前瞻性、综合性研究，承担了国家重点基础研究发展计划(973计划)、国家科技支撑计划、高技术研究发展计划（863计划）、国家自然科学基金、水利部公益性行业专项等纵向科研项目；解决了一批国家重大工程中的关键技术难题。5年间，获得国家和省部级科技奖97项，其中国家科技进步一等奖2项，二等奖9项，省部级科技进步特等奖7项，在国内科研机构中名列前茅。出版专著50多部，公开发表论文2186篇，获得发明专利47项、实用新型专利35项。完成科研报告4700余篇，提出科研成果1573篇。

人才强院凝聚创新智慧

“百年大计，以人为本”。人才，是科技创新的活力源泉，是科研院所科学发展的核心竞争力。南科院注重复合型人才的培养和干部的选拔与交流，加大科研人员的引进、培养力度，充分发挥博士后流动站在培养后备人才上的重要作用；坚持对科研管理岗位和职能部门中层干部实行公开竞聘和轮岗交流制度；组织管理干部和科技骨干分批赴荷兰、美国等国家交流培训，学习国外先进技术和管理经验。

2009年，张建云教授当选中国工程院院士，并被评为全国杰出专业技术人才和全国先进工作者。近3年来，4位专家入选“新世纪百千万人才工程”国家级人选，新增3位教授享受“国务院特殊津贴”；1位（全国共20名）专家荣获“全国野外科技工作突出贡献者”称号；2位教授被评为“全国优秀科技工作者”；4位专家入选水利部“5151”工程部级人选；2位教授荣获茅以升终身成就奖；3名青年当选“全国水利青年科技英才”；2位专家被评为“交通青年科技英才”；1位专家入选“江苏省有突出贡献的中青年专家”；30位专家入选江苏省“333高层次人才培养工程”，其中首批首席科学家1人；2位专家被水利部授予“长期奉献水利优秀人员”称号；1位教授被评为“江苏科技创新十大女杰”；1位教授获“中国援外奉献奖”等。

创新平台提升创建层次

创新平台铸就起飞跑道。南科院持续加强科技创新平台的建设和管理力度，国家水利科技创新基地、国家重点实验室、部级重点实验室和部级工程技术研究中心的建设都取得了长足的进步。

在2009年水利部重点实验室和工程技术研究中心评估中，依托南科院建设的水科学与水工程重点实验室、水工新材料工程技术研究中心评估结果均为优秀。2011年8月，水利部批准南科院依托大坝中心成立“水利部水闸安全管理中心”。新增了“水利部土石坝破坏机理与防控技术重点实验室”和“水利部农村水电工程技术研究中心”。目前南科院拥有1个国家重点实验室、4个部级重点实验室和4个部级工程技术研究中心。

水利部领导为新院名揭牌

建于1983年、占地420亩的铁心桥试验研究基地已建设成为绿树成荫、鸟语花香的生态型试验基地；2010年11月，国家防总抗洪抢险实验（滁州）基地由国家防汛抗旱总指挥部办公室批复同意建设；2011年12月，无锡河湖治理研究基地由国家发改委批准立项；2012年2月，南科院当涂科研试验及科技产业开发基地项目正式签约，为南科院的可持续发展和加快科技成果转化提供了更加广阔的空间。

【文化篇】

组织建设推动文明创建

文化承载文明，文明彰显魅力。南科院领导班子坚持“两手抓，两手都要硬”的方针，加强党的组织建设和文化建设，深入开展创先争优活动，把文明创建工作纳入党委重要议事日程，形成了党委重视、全员参与、党政工团齐抓共管的良好局面。

深入推进学习型院所建设，制订并印发了南科院《关于推进学习型党组织建设的实施方案》、《2008—2012年教育培训规划》和《员工教育培训管理办法》等。开展系列主题读书活动，组织阅读《六个“为什么”》、《苦难辉煌》、《中国共产党党史》等书籍，创建了“视讯365南科院网络培训平台”。每年举办各种学习培训10余次，职工参与率100%。

深入开展学习实践科学发展观和创先争优活动，学习实践活动和创先争优活动群众测评满意率与比较满意率均为100%。结合纪念改革开放30年、新中国成立60周年、建党90周年、共青团成立90周年，举办演唱会、抗灾救灾先进事迹报告会、文学作品征集、摄影作品展、青年论坛等活动，观看爱国教育影片，参观爱国主义教育基地等。一系列的组织建设和教育活动，提高了职工的思想道德政治素质，为南科院的改革和发展提供了精神动力。

举办庆祝新中国成立60周年演唱会

院所文化营造和谐氛围

和谐是文明的标志。南科院大力发扬“勤奋、严谨、求实、创新”的科研精神，深入开展“爱院、爱所、爱岗、爱家”的“四爱”教育活动，密切关注职工思想动态，加强人文关怀与心理疏导，倾听职工诉求，切实解决职工实际问题，大力营造和谐氛围。

2008年起，设立“南科院科技人才住房基金”，向有购房需求的青年职工提供10万元无息贷款，至今已累计为58名职工发放579万元无息贷款。制定了《职工困难补助暂行办法》，切实帮助由于患病、家属下岗等原因而生活困难的职工。千方百计、积极争取，及时解决退休同志普遍关心的津补贴问题，受到老同志的高度赞扬。

南科院每年组织科技骨干去境外带薪休假；慰问参加抗震救灾的专家家属，组织抗震救灾一线专家疗养；坚持职工年度体检制度，坚持走访慰问制度，在职工生日时送上美好祝福；新增室内羽毛球、乒乓球场和室外网球场等体育设施，积极开展各类文体活动；每年组织开展“职工子女夏令营”活动，举办迎新春团拜会；夏季高温季节开展“送清凉”、冬季严寒季节开展“送温暖”活动；认真落实好老干部的政治、生活待遇，大力支持“夕阳红”歌舞团开展经常性活动。

对划归南科院管理的农村电气化研究所和南京水利水文自动化研究所，积极落实水利部帮扶工作方案，成立帮扶工作组，帮助他们提高创新能力，协调解决有关经费，化解内部矛盾。两个研究所初步实现了稳步发展。

文明创建提升社会形象

南科院党委始终把文明创建活动融入到奉献爱心、回报社会中，引导职工大力发扬“一方有难、八方支援”的互助精神，踊跃参与扶贫帮困、义务献血等各种公益活动，为国家的两个文明建设贡献力量。

近几年来，南科院职工在汶川抗震救灾、西南五省干旱、玉树地震、甘肃舟曲泥石流等抗灾工作中总计捐款260多万元。积极参与水利部湖北房县扶贫项目和江苏省未成年人美德基金会项目。

从2003年至今，南科院职工连续9年一对一资助江苏东海县山左

南科院铁心桥试验基地——象目湖

连续九年资助东海县贫困学生就学

口乡200多名贫困学生直至大学毕业。每年组织职工到当地学校看望受助学生，对学习成绩优异的贫困学生进行表彰。在南科院职工多年的关心和鼓励下，已有50余名受助学生考入大学，累计捐资助学款达200余万元。南科院被江苏省委、省政府授予“全省脱贫攻坚工作先进单位”称号。

【特写篇】

快速反应　迅速行动　在水利突发事件现场

2008年汶川地震，南科院快速反应，第一时间派出16名专家奔赴救灾一线，核查灾区水库安全、制订应急方案，为夺取抗震救灾的伟大胜利提供了有力的科技支撑。余震不断、缺少补给、孩子即将高考、家人仍在震区，所有困难与艰辛都不能阻挡南科院人在祖国和人民最需要的时候、最需要的地方挺身而出。前方专家组在救灾一线舍生忘死，后方专家和职工积极行动，不断提供技术咨询支持、物资资金支持。“举全院之力抗震救灾”，在大难之中，南科院人用行动践行着自己的承诺。南科院被评为“全国水利抗震救灾先进集体”，并荣获“江苏省五一劳动奖状”，4名专家被评为“全国水利抗震救灾先进个人”。

2010年初西南五省发生严重旱灾，南科院陆续抽调三批近20位专家先后赴湖南湘西地区，云南省文山州、西双版纳州等地区指导抗旱减灾。专家组通过大量的走访调查，深入了解当地人畜饮水困难情况、水窖的建设情况、小型水库的蓄水状况和山塘清淤工程情况等，及时制订合理可行的抗旱应急预案，对修建集雨水窖工程中存在“去沙”和“除险”两大关键技术难题提出了针对性解决方案；并对未来旱情的监测、评估、预警和响应，以及应急抗旱水源的管理与调度方面工作提出建议，受到水利部和当地主管部门的一致认可。云南省防汛抗旱办公室的有关负责人专门致电，对南科院在抗旱减灾工作中的大力支持表示感谢。

首次承担国家重大科研计划显成果

2010年7月6日，青海温泉水库发生重大险情，威胁到下游人民群众的生命财产安全。水利部高度重视，刘宁副部长亲临温泉水库指导除险加固工作。获悉险情后，南科院立即指派专家组星夜兼程，赶至现场指导抗洪抢险。在现场，专家组成员克服高原缺氧反应等种种困难，迅速制订大坝监测方案，指导应急溢洪道开挖，及时对监测成果和现场巡查情况进行汇总，提出处理建议，为抗洪抢险决策和抢险技术方案制订提供有力的技术支撑，为温泉水库的抗洪抢险作出了重要贡献，得到水利部和青海省委、省政府有关领导的充分肯定。

“雄关漫道真如铁，而今迈步从头越”。水利行业跨越式发展的新征程已经开始，站在新的起点上，南科院人将以更加饱满的热情和昂扬的斗志，积极投身祖国的水利事业，奋力续写精神文明建设的新篇章！

● 链接

南京水利科学研究院获得省部级以上荣誉称号光荣榜

1. 2007—2009年，获“江苏省文明单位”称号

2. 2008年，获“全国水利科技工作先进集体”称号

3. 2008年，获“全国水利抗震救灾先进集体”称号

4. 2008年，获江苏省总工会“江苏省五一劳动奖状”

5. 2009年，获第四届中国技术市场协会“金桥奖先进集体”称号

6. 2009年，被中央精神文明建设指导委员会授予“全国精神文明建设工作先进单位”称号

7. 2009年，被水利部授予“全国水利文明单位”称号

8. 2009年，获“全省脱贫攻坚工作先进单位”称号

9. 2010年，获“全国绿化模范单位”称号

10. 2010年，获交通运输部“港口航道队”交通运输行业优秀科技创新团队称号

11. 2011年，被中央精神文明建设指导委员会授予“全国文明单位”称号

12. 2011年，获“全国国土绿化突出贡献奖”

13. 2011年，获“全国科教文卫系统模范职工之家”称号

14. 2011年，获交通运输部“长江口深水航道治理工程建设先进集体”称号

铸造“运河魂”

——北京市北运河管理处创建全国文明单位活动纪实

大运河，一个响彻寰宇的名字，绵延1700公里，纵横2500年。从北京通州到天津的这一段运河，称为北运河。有这样一支水利队伍守护着她，他们高唱着“我自豪我是运河人”的嘹亮歌声，践行着“献身、负责、求实、创新”的运河人精神，敬业奉献，争创一流，谱写着新时期治水人的辉煌，这就是北京市北运河管理处的300名运河儿女。

在连续六年获得“首都文明单位标兵”、两次获得“全国精神文明建设工作先进单位”后，北运河管理处文明创建再接再厉，2011年获得第三批“全国文明单位”荣誉称号。捷报传来，全处沸腾了，一名刚刚退休的老职工听闻后激动地说，全国文明单位这个“果儿”不是一年两年才结出来的，而是运河人从1973年建处以来创业奋斗了近40年的“果实”啊！

组织有力　健全机制创文明

北运河管理处是隶属于北京市水务局的基层水利管理单位，驻地为北京市通州区，1973年8月建处，管理着北京市境内北运河、温榆河等106公里长的河道和12座大中型水闸。北运河管理处2010年以前一直是差额拨款事业单位，由于没有水费收入，职工生产生活环境十分艰苦。

如何在艰苦的环境中稳定队伍、凝聚人心、推动发展？

处党委班子审时度势，提出要深入扎实开展文明创建活动，构建和谐北运河，铸造“运河魂”。领导班子重视和加强对创建文明单位的领导，坚持党政工团齐抓共管的工作格局，成立了由处党委书记和处主任任组长，有关领导和部门参加的创建文明单位领导小组，定期召开专题会议研究部署创建工作，奠定了创建文明单位的组织基础。

处党委相继制订了《2005—2008年精神文明建设实施纲要》、《2009—2012年党建和精神文明建设规划》，制订完善了《北运河管理处文明单位考核细则》，并根据党建规划和上级要求，每年确定不同的文明创建重点任务，实现了创建活动的“长远规划，分步实施，重点推进”。

崇尚学习　提高本领强素质

先看一组数据：2011年，该处共举办各类培训班38个，培训职工1500人次，全处100%的中层干部进行了业务交流，职工撰写论

文、学习体会等文章达400余篇。

数据的背后，是一个清晰的创建学习型组织战略。“北运河近年来处于改革发展的关键期，大事多、难事多，承担起水务改革发展重任需要高素质的职工队伍，北运河要以创建学习型组织为动力，不断提高职工的履职本领，适应事业发展需要”。党委负责人如是说。

学习型组织，各个部门都在搞，关键是如何立足北运河管理处的实际搞出特色，把学习这个功夫做实。该处的做法是开展好“一项活动”，创新完善“一个体系”。

——开展创建学习型领导班子、创建学习型班组（闸站）、创建学习型单位、争当学习之星的“三创一争”活动。首先是把理论中心组这个学习“龙头”发挥好。处班子在学习上做到“五带头”，即带头自学、带头听辅导报告、带头参加学习研讨、带头撰写理论文章或学习心得、带头为基层职工做学习辅导报告。中层干部发挥各自专业优势，坚持每月一课，由中层干部做主讲人进行学习交流与研讨。深化“四个一”工程，坚持开展“日读一文，月写一得，季读一书，年调一题”活动。制订了《创建学习型单位争做学习型职工实施方

奥运火炬在北京北运河上传递

2011年中央1号文件宣传进农村

案》，广泛开展了读书、征文等活动。

——创新机制，完善“三级教育培训体系”。在多年的学习型组织创建过程中，处党委摸索出了按照不同层次、不同岗位特点进行培训的培训机制，形成了分类明确、各有侧重、按需培训、注重质量的“三级教育培训体系”。坚持领导干部培训教育体系，以科学管理、业务知识、领导艺术等内容为主题，每年举办中层干部培训班，并对青年干部进行能力测试。建立多角度的党员教育培训体系，每年分批对党员进行轮训，结合水务工作，开展主题党日活动。建立满足职工个人发展的教育培训体系，组织机闸工、水文工等岗位培训，开展机闸工竞赛等劳动竞赛和经济技术创新活动。

持续的培训教育结出硕果，基层干部职工研制的便携式启闭装置和移动式液压站，大幅提升了水闸安全运行保证率，并获得了国家专利。

文化引领　构建和谐促文明

在单位文化建设中，处党委着重打造了处歌、舞蹈“两张名片”，搭建一个“大舞台”，近几年来，相继成功举办了“纪念改革开放三十年”、“运河之春”等大型文艺汇演，充分展示了职工昂扬向上的精神风貌。

山不在高，有仙则名；水不在深，有龙则灵。

管理好山水，关键在主人。

……

“我自豪是一名运河人，坚守在北运河奉献青春！”

每天清晨，运河职工们都会唱着这首《我自豪我是运河人》的处歌开始一天辛勤的工作。歌声最能震撼人心、凝聚人心、振奋人心。2008年，处党委依托建处以来艰苦创业、攻坚克难的历史积淀，开展了征集、创作处歌活动。300名职工人人参与，提交了近百份作品，经过数十次的修改，最终凝练成《我自豪我是运河人》这首歌。她是运河职工集体智慧的结晶，是属于每名运河人自己的歌。

舞蹈，是北运河文化建设的又一张响亮的名片。近年来，这支全部由在职职工组成的北运河舞蹈队，创编的“我的大运河”、“运河谣”、“新好日子”等品牌舞蹈屡获殊荣，受邀参加了市直机关工委、北京市旅游委等部门组织的大型宣传活动，树立了水务职工的良好形象。

北运河管理处自编自演的舞蹈“我的大运河”

职工文明素质的提升一直是处党委重点关注的问题。处党委以“争做文明有礼、健康阳光的运河人”为主题开展了丰富的主题教育活动。以新中国成立60周年、中国共产党建立90周年为契机，开展了“奋进的足迹”故事会、“今朝运河”摄影展等活动，开展了征文、书法等比赛。全面实施了“四大引导行动”：

——文明礼仪引导行动。开设文明礼仪大讲堂，征集制定了《职工文明礼仪守则》。组织职工积极参加爱心奉献等公民道德教育实践活动，2008年以来共捐款近30万元，全处职工以自己的实际行动体现了良好的运河人风尚。

——低碳办公引导行动。倡导树立节能减排、低碳环保理念，建立健全了环保和节约的管理制度，提升单位环境文明程度。广泛宣传绿色出行理念，鼓励有条件的职工上班采用公交车、自行车等绿色出行方式。

——志愿服务引导行动。以“奉献他人，提升自己”为宗旨，积极培育志愿文化。建立了党员志愿者队伍、青年志愿者队伍和运河文化志愿者讲解员队伍。80名职工参加了应急无偿献血志愿者队伍。利用世界水日活动、验粮楼宣讲基地，组织市民参观水务建设新成果，吸引更多社会公众关心水、爱护水、节约水。

——全民健身引导行动。开展了“展运河风采”全民健身活动，实施了“二二三”健身计划和“三五一”健身工程，开展了“做健康运河人”登山等活动。2010年积极参加首届水务职工运动会，并取得了团体总分第三名的好成绩。

在开展好本单位文明创建活动的同时，处党委还积极与沿河村镇、学校、企业等建立共建共助机制、结对帮扶机制和联动互惠机制，共建和谐水务。近年来，通过支持新农村建设，送水务知识进学校，开展主题党日、联谊等活动，与友邻单位、村镇建立了良好关系，多次获得所在街道、区县文明单位称号，使文明和谐之花遍开运河两岸。

北运河领导向小学生赠送学习用品

实绩突出　科学发展结硕果

北运河流域，人口占全市的70%，经济总量占80%，承担着北京城区90%以上的排水任务，是北京市人口最集中、产业最聚集、城市化程度最高的区域，重要性不言而喻。

2012年7月21日，北京发生新中国成立以来的最大暴雨。北运河自有雨量站泗上闸累计降雨223.4毫米。

雨情就是命令，北运河干流上千名职工坚守岗位，防汛部门科学调度，合理错峰，抢险人员枕戈待旦。36个小时的坚守，北运河安全下泄洪水1.1亿立方米，干流水闸无一处倒闸，管理范围内无人员伤亡。

“7・21”暴雨的成功应对，得益于运河职工的坚守和奉献，诠释了“献身、负责、求实、创新”的运河人精神，彰显了全国文明单位的责任意识和气度。

同时，这也得益于近年来北运河管理处大力实施的危旧闸改造工程。

北运河干流上12座大中型水闸，大部分为病险闸，建筑物老化严重，防洪标准偏低，成为制约北运河防洪安全的瓶颈。

“要大力推动病险闸改造，消除隐患，保一方安澜”，处主任周磊掷地有声。

2006年，北运河杨洼闸改造工程开工。

2007年，北运河北关分洪枢纽改造工程开工。

2009年，温榆河辛堡闸改造工程开工。

……

随着一座座崭新的水工建筑物的投入使用，制约北运河防洪能力提升的一个个隐患被拔除，北运河的信息化、自动化水平得到大幅提升，成功应对了近年来“6・23”、“7・24”、“7・21”等数十次暴雨洪水过程，为北运河流域的经济社会发展提供了可靠的防洪保障。

提升防洪能力初战告捷，接下来运河人要打一场水环境治理的“硬仗”。

首都的迅速发展对北运河水环境的要求越来越高。由于北运河是北京最主要的排水河道，因此一直以来污染严重，90%的河段为劣V类水。

开展综合治理，还清北运河！

2010年起，北京市人大连续三年将北运河综合治理作为重点督办的议案。

作为河道管理部门，北运河管理处责无旁贷。北运河综合治理办公室设在北运河管理处。时至今日，综合治理顺利进行，落实项目90多个，投资达142亿元。北运河榆林庄国家出境考核断面COD均值下降到36毫克每升，创2008年以来最好指标，流域水环境和两岸生态环境都得到了显著提升。

北运河北关分洪枢纽

水环境的改善，带来的是流域内经济社会的快速发展。依托北关分洪枢纽改造工程营造的“五河交汇”胜景，运河古城—通州区提出了建设北方水城的发展目标，北运河上游的昌平区沿河两岸重点打造未来科技城，利用引温入潮工程向潮白河输水，为顺义新城及空港地区营造优美水景观，北运河的综合治理成为带动沿河流域经济社会发展的强劲动力。

三十九载的艰苦奋斗，创造了运河职工的精神家园，助推了北运河的科学发展，北运河管理处受益匪浅。更为重要的是，在文明创建的牵引下，运河人在伟大的治水实践中践行了造福人民的水务宗旨，铸造了福泽万众的水务丰碑，文明创建功莫大焉！

● 链接

北京市北运河管理处荣获省部级以上荣誉称号光荣榜

1. 2011年12月，被中央精神文明建设指导委员会授予“全国文明单位”称号

2. 2009年1月，被中央精神文明建设指导委员会授予“全国精神文明建设工作先进单位”称号

3. 2002年10月，被中央精神文明建设指导委员会授予“全国精神文明建设工作先进单位”称号

4. 2005—2011年，被首都精神文明建设指导委员会授予“首都文明单位标兵”称号

5. 2006年10月，被水利部精神文明建设指导委员会授予“全国水利文明单位”称号

6. 2008年10月，被中华全国总工会授予“全国亿万职工迎奥运健身活动月先进单位”称号

7. 2008年10月，被中国农林水利工会全国委员会授予“全国水利系统职工文化先进集体”称号

8. 2009年2月，被首都绿化委员会授予“首都绿化美化先进单位”称号

9. 2011年6月，被北京市防汛抗旱指挥部授予“北京市‘十一五’期间防汛抗旱先进集体”称号

10. 2011年7月，被北京市直属机关工委授予“先进基层党组织”称号

传承水利文明　谱写时代华章

——河北省水利水电第二勘测设计研究院创建全国文明单位纪实

2011年12月20日，全国精神文明建设工作表彰大会在北京隆重举行，河北省水利水电第二勘测设计研究院（简称河北二院）在全国众多企事业单位中脱颖而出，被中央精神文明建设指导委员会授予“全国文明单位”称号。三十载春华秋实，几代人辛勤耕耘，这份沉甸甸的荣誉，凝聚了设计院400余名职工的心血和汗水，承载了全设计院人的梦想与荣耀。作为河北省唯一一家获此殊荣的水利设计单位，他们用自己的执着和智慧为我国的水利事业书写下辉煌的

河北二院职工在测绘现场

篇章。走进设计院，我们能深切感受到企业文化的独特魅力，同时在这里，我们也见证了企业的发展和文明的力量。

盛世文明，进步之翼。精神文明的强大驱动力为企业插上了腾飞的翅膀，使企业在激烈的市场经济中胸怀远大，振翅高飞。

多年来，该院党委始终坚持“两手抓两手都要硬”的方针，把争创全国文明单位摆在重要议事日程，目标明确、思路清晰、责任落实；长期有五年规划，短期有年度目标，措施完善、机构健全，上下一心，齐抓共管。历届党委都把精神文明建设当成头等大事，一把手负总责，亲自担任精神文明建设领导小组组长，班子成员一有变动，及时调整领导小组人员；党委成员分工明确，主动配合；各级领导干部以身作则，身体力行；广大职工全员踊跃参与，积极奉献，整个创建活动扎实深入，朝气蓬勃，形成两个文明建设相互促进、协调发展的良好局面。

为实现设计院的跨越式发展，院党委居安思危，未雨绸缪，在前进的道路上从没有丝毫的懈怠。2006年，在认真分析当前水利发展形势的情况下制订出台了《院中长期发展规划》。2010年，结

组织党员干部参观爱国主义教育基地——狼牙山

合学习贯彻中央1号文件精神，经过深入的调查研究和科学的论证分析，经全院广大职工反复讨论、院职工代表大会认真审议，颁布实施了《院2011—2015年发展规划》。按照规划制订的企业愿景和发展目标，院党委带领全院广大职工求实创新，开拓奋进，在设计院的发展史上不断书写新的篇章。从创业、发展到腾飞、跨越，设计院走过了一条敢于迎接挑战、不断超越自我的道路。回顾设计院走过的历程，该院党委书记、院长乔裕民感慨万千："设计院的发展得益于各级领导的关怀和支持，也离不开全院干部职工的共同努力。从设计院所在的区域环境来讲，我们面临的竞争压力和挑战比其他兄弟院更大，可是我们也有自己的优势，那就是多年来积淀并传承的'负责守信、求实创新、拼搏奉献、追求卓越'的企业精神，这是我们能够战胜各种困难不断发展壮大的动力源泉，也是石家庄这座孕育了新中国雏形的伟大城市所具有的品质。"正是满怀对水利事业的无比热爱和对卓越目标的执着追求，他们凭借其独特的人才、技术优势和不断超越自我的创新精神，使这个仅有400余人的省级设计院走在了全国水利行业的前列，成为全国水利勘测设计行业具有重要影响力的设计强院。

多年来，院党委始终坚持用科学发展观指导工作，积极探索和实践新时期治水新思路，走出了一条科学发展、持续发展之路。近几年来，该院主持完成了南水北调中线邯（郸）邢（台）段工程可研、初设、招标设计、施工图设计。为确保圆满完成这项关系国家经济社会可持续发展、造福子孙后代的国家重点工程项目，乔裕民院长亲自主管此项工作，并带领项目组潜心研究，刻苦攻关，解决了南水北调工程一系列重大技术难题，科技创新取得丰硕成果。其中在南水北调中线工程·河渡槽设计中，首次采用了三向预应力新技术，并在此基础上研究解决了基础结构型式和施工排水方案补充设计、三向预应力筋布置和张拉程序设计、温度应力分析及保温隔热材料的应用、抗震与减震设计、止水设计等技术难题，使这架渡漕成为南水北调中线工程中跨度最大的预应力大型渡槽，在大型建筑物设计中取得了新的突破，大大提高了该院南水北调设计的科技含量。在南水北调中线工程南沙河倒虹吸设计中，提出了采用高强低松弛钢绞线和曲线孔道真空辅助灌浆及后张法有黏结的预应力混凝土结构设计方案，创造性地将聚乙烯塑料波纹管孔道成型和孔道真空辅助灌浆新技术应用于大型倒虹吸结构，提出了倒虹吸结构横向连续曲线预应力筋布置形式。在此基础上，对倒虹吸结构进行了仿真模型试验工作。经由中国工程院院士组成的专家委员会对该项科研成果进行鉴定，认为该项目对大型预应力混凝土倒虹吸结构的仿真模型受力试验研究在国内外属于首例，成果整体技术水平达到了国际先进水平。由于成绩突出，该院先后被水利部授予“南水北调工程规划设计先进集体”称号，被南水北调中线干线管理局授予“南水北调中线干线工程优秀建设单位”称号。与此同时，该院还先后完成了河北省大型流域规划，河北省水资源综合规划，河北省水利发展与改革“十一五”、“十二五”规划，河北省实行最严格水资源管理制度，海河流域非常规水资源利用规划，河北省水中长期供求规划，河北省抗旱规划，环首都经济圈水资源开发利用与保

河北二院设计的滦河迁安城市段生态防洪工程

护规划等多项全省综合规划。其中“河北省宏观经济水规划群决策支持系统研究”实现了河北省水利软科学研究的重大突破，获河北省省长特别奖。

“河北省严重缺水应对方略”研究课题，针对河北省严重缺水现状，提出了河北省应对水资源危机的八大方略，解决了长期制约河北水利发展的水资源严重短缺和投融资短缺两大难题，多次受到省水利厅的表扬，得到了省政府的高度评价，已作为省政府决策河北省水利改革与发展的重要依据，为河北省经济社会的可持续发展作出了突出贡献。该研究成果获河北省科技进步二等奖。作为技术支撑单位，承担的河北省第一次全国水利普查，普查数据录入总体进度名列全国第一，普查数据录入完整率名列全国第二。另外还先后完成了引黄入冀补淀工程，全省大中型水库、枢纽、堤防除险加固，水电站设计等近百项国家和省级重点工程项目。

近年来，该院按照水利部提出的现代治水新理念，紧紧抓住民生水利建设这个核心，充分借鉴国内外最新科技治水成果，运用现代治水新理念，创新设计方案，在全省率先开展河道生态修复综合治理，并取得显著成绩，先后完成了迁安滦河、石家庄太平河、张家口洋河、清水河等一大批水生态修复、水景观建设工程，为民生水利建设作出了突出贡献。完成了西柏坡电厂取水口工程、衡水电厂泵房及补给水管道、石家庄市引岗黄水库水供水取水口工程、石武客运专线穿河工程等十多项总承包项目。院党委不断增强贯彻中央战略决策的自觉性，坚决打好水利建设攻坚战。在2008年投资拉动期间，率领全院职工抢时机，抓机遇，弘扬“献身、负责、求实”的水利行业精神，全力以赴承揽了各种江河湖泊整治、病险水库除险加固等投资拉动工程项目前期工作100多项，涉及工程总投资额达到100多亿元，被评为“全省勘查设计行业发展最快最好先进单位”。目前，该院市场已拓展到京津、内蒙古、新疆及广州等地，并跨出国门，走向苏丹、刚果（金）等国家，业务范围延伸至市政、景观、电力、交通、铁路等涉水专业。景观与河道治理，建设项目防洪评价、水资源论证、水保方案编制等已成为该院新的强有力的经济增长亮点之一。全院经济效益持续稳步增长，综合实力不断提升。自2000年至今，10年来该院产值每年都以10%以上的速度增长，其中2009年比2008年增长24.5%；2010年比2009年增长15.8%，2011年比2010年增长15.8%。2011年全院（含公司）产值达到1.6亿元，生产人员平均产值60余万元，在全国同类企业中名列前茅。多年来，该院产品合格率一直保持100%，优良品率达到80%以上，为河北省诚信企业、全国水电勘测设计行业AAA级信用企业。

1999年至今，该院连续4次荣获“全国精神文明建设工作先进单位”称号；1989年至今连续10次荣获河北省“文明单位”称号，并先后被水利部评为“全国水利系统先进单位”和“南水北调规划设计先进单位”，2011年被中央精神文明建设指导委员会授予“全国文明单位”称号，这是全省水利系统获得的最高荣誉。

传承文明，革故鼎新。河北二院在精神文明建设的道路上不断探索，积极创新，为水利设计单位的文明创建树立了一面旗帜。

院党委紧密结合该院实际，大力营造舆论强势，组织广大职工认真学习邓小平理论和“三个代表”重要思想，全面落实科学发展观，大张旗鼓唱响社会主义核心价值体系主旋律，深入开展社会主义荣辱观教育，大力弘扬“献身、负责、求实”的水利行业精神和企业精神。扎实推进思想道德、社会公德、职业道德、家庭美德和个人品德教育。积极开展学习实践科学发展观、干部作风建设、创先争优等活动。普法教育广泛深入，遵纪守法蔚然成风。热心公益事业，积极参加各项志愿服务活动，在抗击自然灾害、扶贫济困等活动中，自觉走在前列，积极参加红十字会捐款、省直职工一日捐、向病困职工义务捐款等活动，4年来累计向社会捐款50多万元。常年义务资助失学孤儿，多次被省电台、电视台等新闻媒体报道宣传，收到良好社会效果。在抗击四川汶川特大地震灾害活动中，共产党员杨林主动请战跟随水利部专家组，冒着余震危险奔赴灾区，成为河北水利职工入川抗震第一人。由于表现突出，他被评为省直抗震救灾优秀共产党员。院副总工史永康作为河北水利专家组成员对口支援奔赴四川平武，为重建家园进行现场指导、技术把关，受到当地政府和群众好评。思想政治工作深入扎实，教育方式生动新颖。以群众喜闻乐见的形式和现代化传播方式宣传党的理论创新成果，利用征集名言名句和企业文化标识、宣传创先争优先进典型、制作专项网页等各种形式，力求丰富多彩，寓教于乐。为配合学习，先后组织职工到西柏坡、狼牙山、白洋淀以及北京奥运场馆和上海世博会等地参观学习。2011年以建党90周年为主题，开展了诗歌创作朗诵、唱红歌、摄影绘画大赛、上党课、学党史、参观抗大分校和廉政教育基地等一系列活动，并围绕主题教育活动，组织开展先进事迹报告会、党员责任专题讲座、警示教育等多种活动。随着思想教育空间深入细致和持续不间断的扩展，在全院形成了一个讲政治、顾大局的浓厚氛围，职工的综合素质不断提高。先后涌现出“全国五一劳动奖章”获得者冯战洪、“全国三八红旗手”和秀芬、省级劳动模范英若智、全省水利优秀青年马述江等30多名省部级以上先进模范人物。

创建活动不断有新载体、新创意，每年都结合单位特点开展生动活泼的主题活动。针对职工中青年学生比例不断增大的实际情况，该院于2008年在全省水利行业率先正式组建了预备役师桥梁连，组织

河北二院成立预备役师桥梁连

石河水库除险加固工程设计

青年职工到部队进行军事训练，开展组织纪律和团队教育，为该院精神文明建设构建了新的载体，使文明单位创建活动迈上了新的台阶。2008年开展了“树军人作风，展党员风采”主题教育，荣获省直工委“党建主题活动优秀组织奖”；2009年开展了“干部作风建设年”活动，全院职工思想和工作作风建设收到明显成效；2010年围绕“创先争优”活动开展的“党组织建设示范点”和“共产党员示范岗”活动取得显著成效，作为先进典型，多次在省水利厅介绍经验。2011年开展了“强化责任心，提升执行力”主题教育活动，在提高队伍整体素质、推动改革发展上取得新的突破。2012年又结合实际，在广大干部职工中开展了“立足本职岗位，忠实履行职责”主题活动。这些特色鲜明的主题活动作为精神文明建设的载体，推动创建工作始终保持勃勃生机和旺盛活力，不断迈出新步伐，同时也为设计单位的文明创建工作探索出了一条新路。

小事靠智，大事靠德。面对纷纭繁杂快速发展的社会和市场经济条件下多元化的价值取向，河北二院坚持文化人心、德化天下，走出了一条文化兴院之路。

院领导对企业文化建设给予了高度重视，并将企业文化建设作为一项重要的发展战略写入院发展规划。多年来，院党委从精神文化、制度文化、物质文化等不同层面扎实推进企业文化建设，为企业的跨越式发展提供了强大的精神动力和智力支持。院党委书记、院长乔裕民带领党委一班人精诚团结，求真务实，走在前做表率，以身作则，作风清廉，在职工中享有很高的威望，为全院职工树立了榜样，成为全院精神文明建设工作坚强有力的领导核心，有力地促进了该院精神文明建设工作的深入开展，走出了一条文化兴院之路。

该院是知识分子高度集中的科技单位。职工中本科以上学历占95%，其中硕士占30%；高级工程师达到45%，其中教授级高级工程师50名。院党委针对单位特点，不断创新工作思路，把精神文明建设与创建学习型企业和科技创新相结合，使该院文明创建工作呈现出两个显著特点：第一，突出学习特色。全院学习氛围浓厚，积极开展学习型党组织活动，建有学习型群众组织，深入开展中国特色社会主义理论体系学习，经常开展理论攻关；院先后选派100多名技术骨干到清华大学、武汉大学、河海大学等名校培训深造或赴国外考察学习和学术交流。2005年与武汉大学联合开办工程硕士研究生班，有28名职工获得硕士学位；2010年与河海大学联合举办“现代水利专业知识”技术培训班，有70多名骨干参加了培训。2012年又有21名技术骨干考取了河海大学工程硕士研究生。同时狠抓各类注册工程师培训，目前该院已有结构、岩土、咨询等专业门类齐

乔裕民院长亲临黄壁庄库区检查测量工作

全的国家注册工程师共计100多名，为企业的发展提供了强大的人才保证。第二，坚持创新发展。创新是企业发展的不竭动力，同时也是文明创建工作的强大动力源泉。多年来，该院始终坚持不断创新、敢为人先的理念，立足自身优势，走出了一条创新发展之路。一是坚持科技创新。积极与中国水科院以及清华大学、武汉大学、河海大学等重点院校开展技术合作和学术交流，先后完成了一系列事关社会经济可持续发展的战略性重大项目，既锻炼了队伍，培养了人才，也提升了企业的科技创新能力和综合实力。二是坚持管理创新。不断深化用人、考核、分配及生产经营管理制度改革，逐步建立完善现代企业制度。1999年率先在全国水利系统实行ISO9001质量管理体系认证，2009年又通过了质量环境和职业健康安全管理体系认证。自1999年开始，该院在全省水利系统率先实行了中层干部竞争上岗制度，坚持公开、公平、竞争、择优的原则，选拔使用干部，建立起全员聘用、能上能下、优胜劣汰的用人机制，使一大批德才兼备、年富力强的优秀人才脱颖而出。引进现代企业绩效考核办法，实施了责、权、利相统一的项目经理负责制，完善了盈余分配制度，为职工办理了企业年金，建立了长效激励约束基金，有力地调动了职工的工作积极性，增强了企业发展活力。近年来，共获得国家、省部级各类科技进步技术成果奖励三十多项，其中河北省科技进步一等奖和省长特别奖各一项，水利部大禹奖一项，全国优秀工程咨询奖一项，水利部“国家水利风景区”一项，建设部“优秀园林工程金奖”一项，建设部“中国环境范例奖”一项，同时荣获国家和省部

全国五一劳动奖章获得者冯战洪

级工程咨询和勘察设计优秀奖一百多项。先后有4名专家获政府特殊津贴，6人被评为河北省突出贡献中青年专家，4人被评为河北省“三三三”人才，90多人被评为院级学术带头人、青年科技人才，人才队伍建设取得了新的突破。

在这里，我们能切实感受到企业文化的力量，企业文化已渗透到了日常工作的各个方面。该院民主管理制度健全，民主决策机制完善，职工民意得到了充分尊重。职代会、院务公开等制度得到了很好落实。凡职称评聘、工资调整、奖金分配等涉及职工切身利益和涉及全院改革发展等重大事项都由职代会审议或由党委集体研究决定， 实行民主决策，实施阳光工程，充分保障职工的合法权益。2009年该院在全省水利行业率先执行了工资集体协商、集体合同制等一系列现代企业管理制度。院党委坚持以人为本，扎扎实实为职工办实事、办好事；实实在在为群众解难题，让群众得实惠。经过多年不懈努力，为全体职工逐步建立了完善的社会保障体系，参加了全部五险一金，同时为全体职工办理了补充医疗保险，进一步解决了职工的后顾之忧。为职工每年安排体检，发放健身卡；不断完善健身房、乒乓球室等活动场所。职工食堂实行一日三餐自助。同时不断改善办公环境，提高办公自动化水平。职工收入稳步增长，生活幸福指数不断提高。离退休职工老有所养，身心愉快，组成门球队、舞蹈队、民乐队，与在职职工共享文明建设成果。建院30多年来，全院无任何违纪违法案件，无重大安全责任事故，无越级上访，无参与法轮功邪教活动等问题。从1994年以来，连续16年被省水利厅评为目标考核先进单位，同时连续多年被石家庄市政府评为综合治理先进单位、计划生育先进单位、安全行车先进单位和卫生绿化先进单位等。工会、共青团和妇委会组织机构健全，各项制度规范，充分发挥各自的优势，围绕中心，积极主动开展各项活动，多年来一直保持了省级模范职工之家、省级青年文明号、省级劳动关系AAA和谐企业、全国巾帼文明岗等多项荣誉称号。

长风破浪会有时，直挂云帆济沧海。站在新的起点上，河北省水利水电第二勘测设计研究院将以更加饱满的精神状态和求真务实的工作作风，积极投身祖国的水利事业，奋力续写精神文明建设的新篇章，不断开创两个文明建设的新局面，为我国的水利建设作出新的更大贡献。

● 链接

河北省水利水电第二勘测设计研究院获省部级以上荣誉称号光荣榜

综合类

1. 1989年至今，连续10届被省委、省政府授予“河北省文明单位”称号

2. 1999—2010年，连续4届被中央精神文明建设指导委员会授予“全国精神文明建设工作先进单位”称号

3. 2001年至今，院共青团组织连续被中共河北省委省直工委、共青团河北省委授予“河北省青年文明号”称号

4. 2004年，被水利部授予“南水北调工程规划设计先进集体”称号

5. 2004年，院工会被中国农林水利工会授予“先进女职工集体”称号

6. 2006年至今，院工会连续被河北省总工会授予“河北省模范职工之家”称号

7. 2008年，被河北省直工委授予“反腐倡廉宣教工作先进单位”称号

8. 2008年，被河北省总工会授予“河北省职代会星级单位”称号

9. 2009年，冯战洪被中华全国总工会授予“全国五一劳动奖章”

10. 2009年，被人力资源和社会保障部、水利部授予“全国水利系统先进单位”称号

11. 2009年至今，连续被河北省精神文明建设办公室等部门联合授予“河北省诚信企业”称号

12. 2011年，被中央精神文明建设指导委员会授予“全国文明单位”称号

13. 2011年，院党委被河北省直工委授予“先进基层党组织”称号

14. 2011年，水文水资源室被中华全国妇女联合会授予“全国巾帼文明岗”称号

15. 2012年，被河北省直工会工作委员会授予“河北省直五一奖状”

科技类

1. 1985年，河北省水利简明区划报告获全国农业区划三等奖

2. 2004年，张家口市大青沟水库高喷板墙施工获全国水利水电科技成果二等奖

3. 2005年，防止平板闸门漏水的研究获全国水利水电科技成果一等奖

4. 2007年，河北省水利发展“十一五”规划获全国优秀工程咨询成果二等奖、河北省优秀工程咨询成果一等奖

5. 2009年，河北省南水北调配套工程D级GPS平面控制网及二、三等高程控制网测量（邢沧干渠、沙河干渠及周边）全国优秀测绘成果铜奖

6. 2011年，滹沱河石家庄市区段防洪及河道生态恢复汊河整治一期工程 获全国优秀水利水电工程勘测设计奖铜奖

创建文明单位　在“六个努力”上下功夫

——上海市水利管理处创建“全国文明单位”纪实

近年来，上海市水利管理处在荣获全国精神文明建设工作先进单位、全国水利系统先进集体和上海市文明单位称号之后，又提出创建“全国文明单位”的目标。精神文明建设推进了该单位各项工作，为上海水利工作发展提供了不竭动力。

该单位按照围绕中心、服务大局的工作思路，以饱满的工作热情，良好的精神状态和扎实的工作作风，开创了精神文明建设的新局面，推动了全市水利工作的全面进步。

以思想道德建设为引领　努力提升干部职工素质

干部职工的思想道德建设是构建和谐环境，确保各项工作任务顺利完成的思想基础，上海市水利管理处领导班子坚持以中国特色社会主义理论体系为指导，以落实科学发展观为统领，在履行单位职能的实践中，切实加强干部职工的思想道德建设。

（一）干部职工学习教育扎实有序开展

管理处党委积极开展中国特色社会主义理论体系的学习宣传教育，尤其是注重提高领导班子中心组学习和领导干部在线学习的实效，重点引导领导干部提高理论指导实践的能力，增强战略思维能力、政治动员能力、总揽全局的能力、努力推进本单位各项工作。

加强党员“三会一课”的学习教育活动，注重党员教育管理，坚定理想信念，增强党性观念和廉政意识，进一步深化了“讲党性、重品行、作表率”主题教育活动。重视工团干部培养，发挥纽带桥梁作用，增强工会、共青团干部“用真理引导群众思想、用真情温暖群众心灵、用真心维护群众利益”的自觉性。经常组织全体职工深入学习十七大以来党的方针政策，组织观看各类先进事迹报告会，不断增强职工的爱国主义、集体主义意识。

（二）求真务实开展创建“四好”班子活动

处党委认真贯彻落实《中共上海市水务局委员会关于开展创建“四好”领导班子活动的意见》，每年围绕年度工作目标和主要任务，针对全市水利工作的新情况和新变化，确定了“四好”领导班子活动实施计划。在创建活动过程中坚持做到三个“着眼于”：即着眼于加强党的执政能力建设和先进性建设，着眼于提高领导班子的整体素质和领导能力，着眼于紧紧围绕本单位中心工作开展创建活动，努力提高创建活动的针对性和实效性。

上海骨干河道治理

两年来，通过思想道德建设，全体干部职工在文明礼仪、诚实守信、尊老爱幼、平等互爱、团结合作等方面均取得了显著提高。全处未发生重大事故、领导干部违法违纪、计划外生育等问题。

以安全迎博办博为中心　努力推进年度目标任务的完成

（一）全力以赴，圆满完成上海世界博览会（简称世博会）河道水环境保障任务

按照世博会保障工作的总体要求，编制《上海市引清调水世博保障专项行动实施方案》；建立联席会议制度，完善调水机制，加强运行监管；开展“一江两河三片”调水世博会保障专项行动，确保本市骨干河道和世博重点区域的水质稳定；实施了苏州河引清排沙试验，减少苏州河泥浆入河现象；专题研究白莲泾调水工作，有效改善世博园区周边河道水环境；完成“引江济太”青松片调水试验工作报告和技术分析报告并通过验收，运用“分片水资源调度方案优化研究”课题成果，指导青松片调水工作，有序开展引清调水，持续改善全市河道水质。配合制订了《上海世博会水上安保工作方案》、《上海世博会水闸水上安保工作实施方案》和《2010年上海世博会水利行业安保工作方案》；与水上安保工作部建立水闸信息互通机制，完成24个水域水上检查站（点）安保对接工作；督促行业各单位修订完善水闸水上安保工作预案，加强重点部位的安全保卫工作，完善技术防范措施，强化内部治安管理；积极配合公安、海事、边防等部门对“三无”和“三超”船舶开展专项整治；加强通航水闸秩序管理，完成46.8万艘船舶过闸查验；指导浦东、奉贤等区开展突发事件应急演练，提高应急处置能力，全程保障闸域安全。梳理确定了以“四个重点区域”为核心的中小河道长效管理关键区域，并筹建落实了1.5万余名河道保洁员，有序开展日常巡查和集中打捞的河道保洁工作，有效改善了河道水环境的面貌，确保河道水域市容环境的整洁。此外，及

时响应，快速处置各类突发事件，及时完成了138座水闸、80座市郊结合部泵站闸容闸貌改观工作。

（二）攻坚克难，有序推进河道水环境整治工作

通过完善行业监管机制、落实政策牵引机制、建立项目责任制、坚持工作例会制度、健全跟踪评价机制建设，聚焦两年完成565条段660公里黑臭河道专项整治任务的目标，扎实推进黑臭河道专项整治“歼灭战”。通过清障、拆违、植绿、修坡、调水、保洁等环境整治措施，完成主要道路沿线等重点区域1840条段1400公里河道环境整治，稳步启动区界河道综合整治，积极推进郊区骨干河道整治，实现了全市河道水环境整治的“攻坚战”目标。

（三）关注民生，提高农村水利基础设施建设水平

坚持“因地制宜、简易实用、经济可行、逐步控制”的原则，积极探索一条适合上海地区农村生活污水治理的路子。两年完成市政府下达5万多户农村生活污水处理计划，并形成了出水水质考核指

上海市水利管理处创建星级水闸

标、综合评估、适用性分析和长效维护机制等成果。此外，开展了闵行等5个区农村生活污水处理长效管理试点工作，形成了长效管理的指导意见。通过底泥疏浚、边坡修整、截污治污、植绿拆违、清除水障等措施，提前完成村沟宅河整治任务，有效改善了老百姓房前屋后的面貌和村庄范围内的排水状况，得到了村民的一致好评。同时，稳步实施设施粮田（菜田）外围水利配套建设和中央财政补助项目建设，进一步提高农村水利基础设施建设水平。

（四）强化监管，扎实推进行业安全管理工作

针对汛期高温多和暴雨频繁的天气特点，制定并下发了《关于开展2010年水利行业汛前安全检查的通知》和《关于开展水闸世博保障和防汛工作专项检查的通知》等文件，组织开展河道设施专项检查、管控区52座水闸专项排查和易积水点应急防范专项检查；组织编制《上海市水利行业防汛防台专项应急预案》，并积极指导各区县相关单位修编预案和应急保障演习。根据市防汛指挥部通知，

上海市水利管理处创建的优美景观河道

上海市水利管理处职工参加街区“扫雪”志愿者活动

及时响应，有效应对“园规”等台风外围影响，有效处置监狱局域外白茅岭农场长乐水闸大坝渗漏等险情，确保了地区安全度汛。此外，组织全行业参加全国水利安全生产知识竞赛，开展“整治事故隐患，保障世博安全”和节日期间安全生产大检查等活动。

（五）创新机制，不断提高行业管理水平

编制《上海市水利行业技术规范汇编》（2006—2009年）、《关于加强本市河道应急护岸工程建设管理工作规范的要求》、《上海市河道维修养护资金管理办法（暂行）》、《上海市水闸安全鉴定管理办法》和《安全鉴定成果汇编目录和编写大纲》，开展了市管河道设施量统计及维修养护经费的测算，指导区县开展和建立“一河一档”工作，积极探索河道、水闸长效管理机制。

编制《上海市小型农田水利工程项目和资金管理暂行办法》、《上海市小型农田水利重点县建设管理暂行办法》、《上海市小型农田水利重点县建设资金绩效考评暂行办法》和《农村生活污水处理工程项目和资金管理暂行办法》、《本市农村生活污水处理工程出水水质暂行规定》、《上海市农村生活污水处理工程绩效考核暂行办法》、《农村生活污水处理工程验收考核流程》及《进一步加强农村生活污水处理工程建设管理的意见》等。在中央财政小农水建设管理上编制《上海市小型农田水利绩效考核办法》、《上海市小型农田水利工程项目和资金管理暂行办法》、《上海市小型农田水利工程可行性研究（含初步设计）编制指南》、《上海市小型农田水利重点县建设管理暂行办法》和《上海市小型农田水利设施长效管理机制研究报告》等规章制度，努力实践农村水利管理工作。

以参与社会活动为载体　努力深化同创共建实效

以社区联建、军民共建为平台，使文明单位创建工作成为单位发展的推动力。

（一）深入开展“双结对”活动

坚持共学共建，坚持党支部工作双向交流，取长补短，学习基层组织的党建工作，切实做到“双提高、双促进”；与空军驻上海某部联手共建，积极开展拥军优属，学习部队良好的组织纪律和过硬的工作作风；与所在的外滩街道北京居委会签订共建协议，参与社区服务活动，帮助社区解决实际困难。

（二）开展志愿活动

组织开展“迎世博、讲文明、树新风”三五集中行动计划、“世博先锋行动”、“讲党性、重品行、做表率”等实践活动；积极组织员工参加世博安保“平安志愿者”活动；在夏季，组织青年志愿者开展劝泳活动；结合“世界水日”、“中国水周”等主题日开展主题宣传活动。

上海市水利管理处开展志愿者服务活动

以规范管理为渠道　努力夯实干群和谐关系

（一）加强领导、建立机制，形成有效管理格局

加强创建工作推进，做到精神文明与物质文明建设相结合、精神文明建设与单位党建相结合、单位创建与行业创建相结合。按照创先争优活动要求，以“奋战三大战役、落实三个行动、完善三个机制”为载体，充分发挥基层党组织的战斗堡垒作用和共产党员的先锋模范作用，真正把活动开展作为关注民生、推动工作、凝聚力量、解决问题、加快发展的重点工作，狠抓落实，推动了水利建设管理工作的科学发展。

（二）建立机制，落实责任，抓好内部机制建设

认真抓好“五五”普法教育和安全生产、综合治理等工作。加强民主集中制建设，进一步建立完善党委“三重一大”集体决策制度和职工大会制度，形成了用制度管人、管事、管权的良好工作机制。坚持每年召开不少于二次的职工大会，通报全处工作情况、财务预决算执行的情况，听取领导干部述职报告和评议领导干部以及涉及职工切身利益的事项和制度等。并通过领导班子民主生活会意见征询、领导干部述职报告等，公开单位党风廉政建设情况和领导人员廉洁自律规定执行情况，有效地把单位政务公开向深层次推进。

以单位文化建设为纽带　努力营造团结向上氛围

（一）深入推进“创、建、做”活动

注重“细胞”建设，将开展“创文明班组、建文明岗位、做文明职工”活动作为文明单位创建工作的一个重要载体，将“创、建、做”活动贯穿到每个科室和职工的具体工作中，制定了岗位职责、员工守则、自律公约等，使单位事业发展与精神文明建设同步提高，有力地推动了文明单位创建工作的健康开展。

（二）开展职工文体活动

水利部门组织“诵歌献给伟大的党”歌咏比赛

单位重视职工文体活动，注重丰富职工群众的兴趣爱好，不断满足职工的精神需求。在单位办公用房并不富裕的情况下，调整设置了乒乓活动间，为职工开展娱乐活动创造了条件；与局属堤防处等兄弟单位开展体育项目联谊活动，进行足球、篮球等联赛；每年春节前举行联欢活动、组织退休职工回娘家活动，中秋节组织外地留沪青年联谊活动等，提高了单位的凝聚力。

（三）开展扶贫帮困活动

坚持开展职工帮职工的“一日捐”活动，经费专款专用，对于困难职工及时给予帮助。组织职工开展帮困结对、灾区扶贫帮困献爱心活动，职工自愿捐款活动，体现了单位大家庭互帮互助的精神。

以优美环境建设为推手　努力培育低碳环保意识

整洁优美的工作环境是文明单位必备条件之一，单位注重办公场所的低碳环保和卫生整洁工作，在楼道、办公室安置绿化盆景，在走廊、大厅布置宣传照片，全力为全体职工创造一个良好的学习、工作环境。

● 链接

上海市水利管理处获省部级荣誉称号光荣榜

1. 上海市人民政府授予“2005—2006年度第十三届上海市文明单位”称号

2. 上海市绿化委员会、上海市人事局授予“2005—2006年度上海市绿化先进集体”称号

3. 上海市社会治安综合治理委员会授予“2007年度上海市平安单位”称号

4. 上海市人民政府授予“2007—2008年度第十四届上海市文明单位”称号

5. 2009年中央精神文明建设指导委员会授予“第四届全国精神文明建设工作先进单位”称号

6. 国家人社部、水利部授予“2009年全国水利系统先进集体”称号

7. 上海市人民政府授予“2009—2010年度第十五届上海市文明单位”称号

8. 2011年中央精神文明建设指导委员会授予第三批“全国文明单位”称号

大美龙江　水利先行

——黑龙江省水利厅（机关）全国文明单位工作纪实

有这样一组数字：从2008年3月到2012年4月，黑龙江省水利厅党组会议纪要有52份，厅长专题办公会议纪要有98份，厅长办公会议纪要有64份。

平均每年近50次，平均每月4余次，平均每星期1次。除去厅长专题办公会，其他两会每次至少是六七个议题。

厅长办公会召开次数最多的为2008年，有20次；党组会议召开次数最多的为2009年，有16次；厅长专题办公会召开次数最多的为2010年，有31次。

从时间来看，有在17点才召开的；从地点上来看，有在施工现场的；从内容上来看，是"研究、部署、讨论、调研"在循环往复中进行，"磋商、调整、定位、 决策"在循环往复中进行，"协商、推进、落实、问效"在循环往复中进行。

这几组数字的叠加，折射出黑龙江省水利厅党组的工作部署、跟进速度和落实力度。

这几组数字的分解，影印了黑龙江省4万水利人"不畏艰难、勇挑重担、敢打硬仗、无私奉献"的龙江水利行业精神。

2011年，黑龙江省粮食产量居全国第一，水利建设工作始终是那个向前跃进的箭头。

因为这是一支特别能战斗的队伍！

围绕中心想全局——思发展

2011年11月4日，陆兵厅长在“黑龙江省直大讲堂”，为省直机关干部就《抓住机遇，发挥优势，全面建设黑龙江省现代水利》进行多媒体讲座。

在近两个小时里，他从过去到现在再到未来，用数据、用工程、用成效、用成果，描述了黑龙江水利发展已取得的成就和蓝图美景。这次讲座的覆盖影响犹如涟漪……

2008年2月底，水利厅新一届党组开始履职新政。

3月25日第三次厅长专题办公会议纪要有这样一段话：“全厅上下要以只争朝夕的精神状态，把涉及水利方面的工作做得再细一些，做得再实一些，决不能拖整体工作的后腿。”

6月，厅长办公会研究上半年重点工作督办落实问题时，提出2009年水利立法计划，并确保1项纳入省人大立法计划。

陆兵厅长在基层检查工程

7月，黑龙江省委十届五次全会号召举全省之力“打一场大兴水利的战役”，同年，以省政府名义出台《关于加快水利建设 大力发展现代水利的决定》。

这一年的11月19日，厅长办公会研究围绕国家扩大内需政策大力推进水利项目争取工作事宜，党组的态度是“不能仅仅停留在口头上，要实实在在地体现在行动上，绝不能让机遇从我们的手里溜走。”

过去是项目等投资，现在是投资等项目。2008年岁尾，项目前期工作已经成为制约争取投资的最大“瓶颈”。厅党组要求，对于正在开展的规划和项目前期工作，要拉个清单：哪个设计部门做的，做到了什么程度，批复情况怎样，各种要件准备是否充分等等，既要总体情况，又要具体情况。要形成责任有人负、层层抓落实的工作格局。

总揽全局，才能趋利避害；集思广益，方能形成卓识。一系列立足当前、谋划长远的决策部署陆续推出。

2009年9月，水利部与黑龙江省政府签订《加快千亿斤粮食产能工程建设，推进水利发展与改革合作备忘录》，确立了龙江水利工作在全国水利建设大局中的重要地位。

2011年初，中央1号文件一出台，厅党组第一时间部署党组成员展开学习，并按照省领导要求，起草《中共黑龙江省委、黑龙江省人民政府关于贯彻落实〈中共中央、国务院关于加快水利改革发展的决定〉的实施意见》。同时，在省委召开的专题干部学习会上，邀请专家为全省400多名领导干部解读中央1号文件精神，为省委、省政府的工作部署和决策，提供了强有力的政策和理论支持。

2011年12月，《关于加快水利改革发展的意见》出台，成为了今后一个时期全省水利改革发展的必要航引。

一系列扎实细致的工作，一项项着眼长远的部署，为水利事业提供了坚实保障。

决策果断，部署有力。2008年到2011年三年三大步，三年三大增幅，一次比一次力度大。

2007年水利投资28亿元，2008年水利投资52亿元，2009年水利投资109.15亿元，2010年水利投资140亿元，2011年水利投资157亿元。

这几组数字的逐年攀升，跳跃出厅党组的“八个意识”：学习意识、责任意识、大局意识、调研意识、落实意识、效率意识、依法行政意识、团结协作意识。

龙江水利的运转，就这样在良性轨道上开始了。

2009年6月8日，厅长办公会部署当前重点工作，“第三批扩大内需项目资金已经下达……”“目前，我们的有效工作日不足半年……”

2010年11月10日，厅长办公会研究当前重点工作，“要利用好冬季时间，超前谋划水利工作的问题；研究制约水利发展的瓶颈问题；加强调研，积累经验；发现问题，研究办法；挖掘亮点，推广典型。”

2011年2月10日厅长办公会研究部署当前重点工作，“紧紧围绕全省水利工作重点、难点、热点、亮点问题，采取‘请进来、走出去、下基层’的办法，加强项目前期工作、建设管理、财务审计、运行管理等方面调研。”

一项事业，总是在不断地应对挑战中铸就新的辉煌。

面临着投资规模加大、工作量加大、工作标准提高、质量要求提高等一系列的挑战，能否攻克这些难关，能否牢牢把握住这一难得的历史机遇，是对水利战线广大干部职工政治态度、能力水平和工作作风的重大考验。

机遇要紧紧把握，挑战要妥善应对。

2009年1月20日，厅长办公会在研究2009年水利项目中央第二批新增投资2.4亿元安排时，强调：“及时说明说清现已安排项目的相关情况：哪些项目可行、哪些不可行。”“在工程建设过程中要倒排工期，按照以日保周、以周保月的工作要求，切实加快建设进度。”

“省委、省政府高度重视新增4000万亩旱涝保收田建设，水利厅要呈交一份满意的答卷：集中力量建设亮点工程。”

重心下移摸实情，敞开心扉听民声，掌握第一手情况，不断增强工作的前瞻性、针对性和实效性，是绝缘形式主义，不做表面文章的根本大法。

在水利建设方向上我们要把握什么？在水利建设细节上要掌握什么？水利厅党组目标明确，路径清晰。

目标明确，就能更好凝聚各方智慧；路径清晰，就能更大激发奋斗力量。

引嫩扩建骨干一期工程是黑龙江省西部地区具有标志性意义的重要骨干工程，在黑龙江省委、省政府“八大经济区”、“十大工程”建设中，这个工程是“千亿斤粮食产能工程”的龙头工程，

“千亿斤粮食产能工程”又位居“十大工程”之首，龙江水利站在了破冰船头，被赋予重任。

工程开工前和开工后，陆兵厅长多次参加该项工程的专题会、现场会、推进会，磋商解决有关事宜；多次到设计院看望挑灯夜战的设计人员；多次深入一线施工现场察看工程进展情况……2010年10月10日在拉哈引嫩建管局“引嫩扩建骨干工程建设推进会”上，陆兵厅长再一次听取规划方的勘测设计情况汇报，再一次听取建管方工程建设情况汇报，再一次询问承建方资金到位情况和施工中存在的问题，再一次恳请有关各单位、各部门把困难和问题一一讲出来、摆出来，以求在最短的时间里，用最快的速度，解除阻碍这项工程进度的若干因素，水利厅党组及有关部门给予全力支持！

类似这样的情景，类似这样的表态，类似这样的决策，在施工现场，在议事桌前，时有发生。

2009年12月22日党组会议纪要：“……重点围绕‘闪光点’、

哈尔滨市黑龙江景观

'突破点'肯定成绩，总结经验；围绕'薄弱点'、'制约点'查找问题，分析原因；……把各自工作放到全省经济社会发展的大局和水利事业发展的全局去认识、去定位，树立强烈的机遇意识和责任意识，自觉加压力、压任务、鼓干劲……"

2010年10月28日党组办公会议纪要："……抓住水利发展为主线不放松。当前，较为被动的前期工作是制约我们发展步伐的瓶颈问题……""一方面要保质量，一方面要协调解决办法……""……提高工作效率的同时，还要把先进的东西总结出来、确定下来、推广出去……""……要研究如何让有重大成就和突出贡献的人才在政治上有位、社会上有名、经济上有得、生活上有靠，在我厅进一步树立创业创新的良好氛围。"

每一份会议纪要都带着这样的温度，只要你靠近，便会被温暖和感染。

真正以汇民意、聚众智、求共识为主体，最终通过的会议纪要，不仅给人以方向，更给人以信心。

在学习型党组织建设方面，在创新学习理念、丰富学习方法、增强学习吸引力及感染力方面，探索灵活多样的学习方法，建立了有效管用的学习制度，构建了多层次、多样化的学习载体和新型学习平台，有效激发了党员干部的学习热情和兴趣，使学习由"软任务"向"硬约束"转变，由"抓活动"向"促常态"转变。

近两年，厅机关邀请政府官员或专家学者讲授政治、经济、法制、国防和水资源等多元内容的学习报告会8场；针对处级领导干部走上新岗位的实际，专门命题"怎样当好中层领导"，请专家培训辅导；2011年，"如何提高领导干部的执行力"、"提高水利管理科技化水平"等培训辅导深入人心；邀请专家对全国两会和省十一次党代会进行解读，用以开阔职工想事做事的视野。

水利厅挖掘推荐的先进典型先后参加省直机关工委举办的七届"十佳公仆"评选，届届当选。每四年举办一次的全省水利系统

“十大杰出青年”评选活动，至今已有三届。

2010年10月，水利厅和省人劳厅联合评选“八大突出贡献团队”和“八大突出贡献个人”，并以通讯的形式在杂志上刊发他们的突出业绩，反响极大；2011年结合贯彻落实中央、省委1号文件精神，在全系统选派40名优秀人才，就水利关键课题，赴澳大利亚进行学习培训。

这是一个“目标同向，工作同心，事业同干”的队伍，这是一个“思想意识上统一，思维方式上创新”的队伍。

立足本业议大事——谋发展

2012年2月22日，在省委组织部二楼会议室，厅长陆兵为全省农村各乡镇党员干部、水务局长、水务站站长，通过远程教育方式讲党课《加强农田水利建设，为农业生产提供有力支持》。

多媒体的形式很好地展示了龙江水利跨越式发展的进程，图文并茂地从“加强农田水利建设”的一个侧面，强调水利工作对黑龙江经济发展和保障国家粮食安全的重要作用。

影响，一种有效的影响在广泛地、迅速地传播……

2008年5月4日，水利厅在多次召开专题会研究病险水库除险加固问题相关事宜的基础上，又一次召开厅长专题办公会。一再强调不能把“病”和“险”等同起来，要把除险工作放在首位。用有限的资金解决最关键的问题。

两个月后的7月9日，厅长办公会责成办公室将水利重点项目的推进工作列入重点督办，每20天听取一次情况汇报。

四个月后的11月14日，厅长办公会强调：通过加强对具体任务和计划的深入研究，准确把握制约各项工作开展的“瓶颈”问题，确保规划的全面性和可操作性，增强各项措施的针对性……

两天后的16日，厅长办公会研究2009年中央水利建设投资建议计划时，要求“做每项工作都要严格执行相关程序，做到严谨无误，经得起检验。”

一天后的17日，厅长办公会研究第四季度国家新增农村饮水安全工程投资计划安排问题，农村水利处要做好基础性工作，要将农村饮水安全工程实施以来对哪些地区投入了资金、投入了多少、落实到什么程度整理出来，报厅党组审议。

黑龙江饮水困难群众吃上自来水

理清思路才能有章法地做实事，才能实现有实效地落实。

节奏，一个快的工作节奏在良性运行的轨道上回响……

黑龙江省委、省政府确定2008年开工建设9项重点水利工程，这在黑龙江省水利建设史上尚属首次。这标志着黑龙江省建设千亿斤粮食产能工程的顺利启动，拉开了全省大兴水利建设、发展现代水利的序幕。

2009年2月1日，厅长办公会做了一道“简单”的算术题：截至2月1日，新增中央水利投资国土防护工程累计完成投资2198万元，占中央投资计划的21.98%；完成工程量34.4万立方米，占总工程量的42%，与中央要求差距较大。目前距离3月份前完成新增中央水利投资国土防护工程建设任务仅有30天左右。

同时做了9个字的“简单”评论：时间紧，任务重，压力大。

这次厅长办公会就是一个中心：要做到心中有数。

8月14日，厅长办公会在研究重点水利工程建设推进问题时，要求各处室、各单位主要负责人开拓思路，创新思维。定的事就干，干就干好，只能提前，不能拖后。

10月8日，厅长办公会在研究加快推进尼尔基引嫩扩建一期工程建设事宜时，要求由办公室安排，一周后再召开一次专题会议，听取进展情况汇报。

是否有利于解决实际问题，成为厅党组在工作节点和讨论问题时常常使用的一个“中心语汇”，也是一个不成文的解决问题的刚性标准。

2010年1月14日，厅长办公会研究部署近期工作，核心议题是在这个“准备之冬”，首先应该思考什么问题，其次应该做哪些切实的准备工作？

3月1日，在抚远县召开黑瞎子岛防洪排水应急工程建设推进会议，马庆国副厅长代表陆兵厅长向奋战在第一线春节没有回家和家人团聚的广大职工表示慰问。

在议到加强黑瞎子岛防洪排水应急工程建设和管理问题时，马庆国副厅长着重要求克服冰雪严寒给施工带来的不利影响，除保证工程质量外，尤其要防止气温骤降困住施工人员，保证施工安全和人员的安全。

7月15日，厅长专题办公会要求“在编制可研的同时，着手编制灌区初步设计，其中渠首工程初步设计要在8月末前编制完成”。“各项目建设单位要积极做好项目开工前的各项准备工作，确保三村等灌区8月初和9月20日前开工建设”。

9月15日下午，厅长专题办公会传达了副省长召集8家有关单位负责人会议的精神，就加快新增1000万亩粳稻基地项目建设进行了研究部署。要求18日前完成任务分解汇总工作。18日14:30时，组织召开专题会议。

思发展谋发展，速度只是化解阻力的一环，更重要的手段是与之配套的实实在在的措施和人性化工作安排，这是冲出阻力重围的必要条件，水利厅党组想到了也做到了这一点。

在工程管理上要抓住什么？ 水利厅党组切实的工作态度是："安全工作时刻不能放松，谁抓都不越位，怎么强调都不为过。"

在工程建设上要重视什么？水利厅党组抓住两个原则不撒手："事故原因不查清楚不放过，主要事故责任者和职工未受到教育不放过，补救和防范措施不落实不放过"；"事故原因分析不清不放过，事故责任者和群众没有受到教育不放过，没有采取切实有效防范措施不放过，事故责任没有受到追究不放过"。

在工作态度上要秉承什么？在具体做法上要坚持什么？水利厅党组有谋有略，稳扎稳打。

找准方位，就能把握航向；沉着清醒，就能坚定前行的脚步。

2009年10月20日，党组会议纪要："……胥信平副厅长负责组织协调，组成5个由厅领导带队的工作组，于近期尽快到各地，对贯彻落实'全省三秋生产暨千亿斤粮食产能工程两大平原试验区建设（宝清）现场会'精神和开展秋季农田水利基本建设情况进行全面检查……""……建立秋季农田水利基本建设半月报告制度，及时了解掌握各地进展情况。"

2010年4月19日，党组会议纪要："……加快全省各类水利项目前期工作，没有开工的，要加大工作力度，争取早日开工。已经开工的，要加快建设进度。""……由宣传中心负责做好对泰来抗旱引水工程、桦川县灌区工程等重点工程的宣传工作。由水政水资源处负责总结泰来县关于水利投融资等方面的做法，

黑龙江省水利职工在冬季勘测

由省农田水利管理总站负责总结桦川县经验……”

每一份会议纪要都带着这样的质感，只要你触及，便会被影响和感动。

在政治意识、大局意识、责任意识的构建上，水利厅党组注重采取“源头治理、动态协调、应急处置”，相互衔接、相互支撑的新机制，以使矛盾和问题不断得到及时化解和向好的方面转化，尽最大可能做到不积累、不激化、不蔓延、不升级、不向坏的方面转化，使水利厅各项工作处于动态平衡、动态优化、井然有序、健康运行的状态。

由厅领导带队，6人宣讲团统一着装，深入到厅直单位巡讲“八荣八耻”，把它变成广大干部职工的行为标准和自觉行动；配合水利部“水系民生，安全发展”水利安全生产宣传教育活动，组织由15 人参加的主题演讲，百余人参加的《为祖国唱响青春》的青歌赛，《我身边的共产党员》张志鹏、蔡云芳、安清平事迹演讲；水利厅与人劳厅开通招聘绿色通道，“走出去”为所属事业单位在四所国内重点院校开展了现场面试，直接签订水利专业和急需紧缺专业优秀毕业生，涉及全国18所高校，共现场面试签订硕士、本科毕业生41人……

从“为人民服务”到“三个有利于”，从“三个代表”到“以人为本”，水利厅党组始终注重加强思想作风建设，始终把民生水利放在第一位，把民生水利建设所有的“前期”工作预想好、铺垫好、实施好。

2011年厅机关被中央精神文明建设指导委员会命名为“全国文明单位”，厅党组被省委宣传部评为“全省学习型领导班子标兵”称号；连续八年被评为“省直目标责任制考核优秀单位”，获“关注民生、服务发展”最佳单位和群众满意单位。

水利厅党组各项工作的主动性有来自对现实状况的清醒判断，也有来自历史责任感和敢于担当的勇气。2011年中央1号文件和中央水利工作会议汇注的水利建设大潮，是地方水行政主管部门的历史责任所在。

一位干部说："苦事用力做，难事用心做。""这个事我要做，是成功的希望。""因为站着谈问题总是问题。"几年来，他的话，是水利厅从领导干部到普通群众做事干事的真实写照。

2012年4月陆兵厅长当选省十一次党代会代表，5月当选省委委员，这是水利厅从领导干部到普通群众做事干事的缩影。

主动作为谋长远——促发展

2010年底，经过两年时间的深入调研和10余次的集体学习研究论证，厅党组完成了两万字的《黑龙江省现代水利发展战略研究》。从中可以看到黑龙江发展现代水利：重要性与紧迫性、国内外现代水利建设经验借鉴、现代水利的比较分析、战略构想、主要任务和保障措施等六大方面22个专题的宏大布设，充分体现了厅党组发展现代水利的前瞻性、科学性和可行性，应该说在全国都属鲜有的大动作、大手笔。

4年里，龙江水利建设一步一跨越的恢弘气势，往往浓缩于一个个细节之中，犹如时代的"年轮"。

"泥河水库向兰西县兰西镇供水工程建设。要继续按照第21次厅长专题办公会议的要求抓紧推进相关工作，把好事办好，工作做细。"这是2008年5月19日厅长办公会上的一个环节。

"省委、省政府明确要求尼尔基引嫩扩建工程、三江平原灌区工程、胖头泡蓄滞洪区应急工程等重点水利项目要在今年开工建设。能否确保重点项目按期开工，检验我们的工作能力。"这是2008年6月25日厅长专题办公会上的一个声音。

"'千亿斤粮食产能规划'要上升到国家利益的战略高度上，由规划计划处继续整理完善，保证国家审批之后我们能够迅速展开工作。”“规划既要考虑当前工作，又要把3—5年工作纳入其中……”这是2009年1月15日厅长办公会上一个重要的思考。

“……彻底地改变我省春季忙于抗旱、疲于抗旱、苦于抗旱的现状。不要被老观念、老做法束缚头脑，既要抓紧时间，又要讲科学，实事求是地作出3年以后明显见效的旱田节水灌溉规划。”这是2009年8月31日厅长办公会上一个高标准要求。

继续抓住科学发展这个主题，继续抓住加快转变经济发展方式这条主线，牢牢把握扩大内需这一战略基点，牢牢把握龙江经济持续发展这一坚实基础，牢牢把握加快改革创新这一强大动力，牢牢把握保障民生水利和改善民生水利这一根本目的……水利厅党组主流思想上的趋同和达成共识上的认知，在战略战术上逐一体现、逐层体现。

2010年3月8日，厅长办公会，在听取有关处室和单位重点工作推进情况汇报时，陆兵厅长强调：“要在最不放心的事上安排最放心的人，在最难的事上安排最能吃苦的人，在最关键的环节上多安

黑龙江省水利厅领导带头参加行风热线科技下乡活动

排几个人。”“当前工作量之大，省委、省政府要求之高，决定了今年的工作将是近几年最关健和最挨累的一年。”

2010年3月24日，厅长专题办公会研究落实尼尔基引嫩扩建骨干一期工程、三江平原青龙山和三村灌区前期工作事宜时，提示要注意“克服前期工作开展时间长、人员厌战的不利因素……”

2011年1月4日，厅长专题办公会指出：“青龙山灌区可研批复、初设审查、施工图设计同步推进，必须加强各环节的衔接协调，不打乱仗。”

龙江水利在4年时间里，“必须”、“确保”、“同步”、“克服”是一个个“高频词”中的“高频词”，龙江水利建设的样本就是在这样的“高频词”中打造出来的，龙江水利建设的热潮就是在这样的“高频词”中席卷黑土地的……

一个个真知灼见转化为一部部法规、一项项政策、一个个规划，成为龙江水利大发展、快发展的强力支撑和保障。

2009年，省人大颁布全国第一部农田水利方面的地方性法规《黑龙江省农田水利条例》；2010年，省政府常务会议审议通过了《关于调整水资源费征收标准及有关问题的通知》；2011年《黑龙江省水文管理办法》颁布实施。水利厅党组要求各处室要结合自身工作实际，适应新时期新要求，逐步完善原有规章、条例，同时陆续出台新的规章、条例，更好地履行水利管理职责。

2010年11月5日，厅长专题办公会，要求“对千亿斤粮食产能实施投资计划要求有全盘的表述，有清晰的概念，从数字上说服人”。

2010年11月26日，厅长专题办公会清楚地表明：“当前，推进‘引嫩扩建骨干一期工程’的前期工作已经到了白热化阶段，能否完成这项工作是对我们执政能力的考验。”

“省水利水电勘测设计研究院兵分三路做好如下工作……”“北引建管局兵分两路做好如下工作……”“厅规计处、水政处、水管处、水保处、财审处、建设处和防办……”“要每周一将前期进展情况报……”

龙江水利站在了历史和现实的交会点上回望，一个启示如此清晰：如果各项工作仅仅停留在顶层设计，那只能是空中楼阁，顶层设计需要落实而变为具体的工作任务。“争取上级最大的理解和支持”就要坚定地做到有所为、有所不为……

2010年12月14日，厅长专题办公会，研究发展1000万亩大型喷灌及规划编制工作，从三个层面谈认识、谈态度、谈具体实施：

“明年是‘十二五’的开局之年，我省水利工作将进入一个加速发展的时期。”

“按照年底前完成规划编制工作的时间要求，早开会、早布置，不等不靠。”

“全面调查大型喷灌工程数量、分布、管理模式等方面基础条件……有针对性地搞几个专题调研。”

2011年9月26日，厅长专题办公会，“建设高标准节水灌溉工程，沿明沈路建设周长250公里、面积50万亩节水灌溉经济带，要将其建成在省内和国内具有推广意义的高标准高效节水灌溉示范典型。”“规划不单单是建设上的规划，要研究一些建后管理办法，写到规划里，形成成熟的管理方案，要有可推广性。”

2012年2月21日，厅长专题办公会认为，“节水增粮行动”作为中央财政投资项目……要缩短厅内文件运行时间，争取建设计划早日下达。

正是这样创新创优、求实务实的工作作风，让龙江水利建设瓶颈一次次真正突破，让龙江水利管理一次次真正完善，让龙江水利改革工作一次次真正深化，龙江水利为保障国家粮食安全的使命真正地持续地、深入地走了下去。

广开言路，博采众议，是一项事业蓬勃发展的首要条件。

2009年8月31日党组会议纪要：“……截至7月末，已落实各类水利建设资金75.56亿元……9月份至封冻前，既是水利项目建设的有利时机，也是今年水利建设的重要阶段。要在有效施工期内，与时间赛跑，大力推进9项水利项目建设。9月末开工建设17个国家已下达计划的建设项目……10月份开工建设马家沟回水堤工程……9月20日开工建设胖头泡蓄滞洪区围堤工程……”“厅党组要求，今年是我省水利事业发展的关键之年，面临着能否完成百亿元投资的严峻考验，要不辱使命。”

2011年12月30日党组会议纪要：“……明年的水利建设项目多、任务重，必须咬住一个‘早’字，必须立足一个‘抢’字。现在就要着手各项开工前的准备工作，完成各项前期工作，一旦天气回暖就立即组织项目施工建设，尽快完成结转的项目，保证当年的年度任务按时完成，不能因工作拖拉，影响国家对我省的投资安排。”

每一份会议纪要都带着这样的机理，只要你过目，便会被吸引

黑龙江省水利厅职工参加“爱心伴成长”活动

和感召。

先进源于责任，优秀彰显党性。这种坚强的信念、高尚的境界，铸造了龙江水利的魂魄，创造出非凡的业绩。

2009年2月11日，厅长办公会议纪要有这样一段表述：

“大冬会供水及安保工作是对我们的一次政治考验，参与的同志都要表现出高度负责的政治态度，要有一个好的工作状态，达到一个好的工作效果，为水利厅争光彩。”

2012年3月19日，党组办公会议题：为提升职工幸福感、成就感、安全感和身为水利职工的自豪感，加快“大水利”建设步伐，按照省委、省政府建设富强龙江、文明龙江、和谐龙江、大美龙江、幸福龙江的决定，按照水利部工作部署，厅党组决定在厅机关及厅属单位启动“幸福工程”建设。

“让我们的职工获得的幸福感最大”，这是陆兵厅长在“幸福工程”实施方案启动仪式上的一句话。

4月，黑龙江省委宣传部主编的《“八大经济区”、“十大工程”科学发展思行路》一书收录水利厅3篇文章，有经验、有典型；《2011年黑龙江省水利厅调研成果汇编》收录调研报告32篇，内容广泛，有深度；仅2011年一年，在中央媒体和地方媒体宣传水利的文章（条）300余篇……

在精神文明建设上要主张什么？在职工思想作风培育上要强化什么？水利厅党组冷静观察形势，深入调查研究，反复比较分析，权衡利弊，制定对策。

一个个难题用心破解，一件件实事温暖人心。前者给人以坚定，后者给人以智慧；前者凸显于强调改革开放上，后者游刃于认识问题、对待矛盾之中。

面对2012年“计划落实水利建设资金180亿元以上，建设水利工程631项，新增水田灌溉面积260万亩，新增水田工程节水灌溉面积150万亩，完成渠道硬化1 500公里；新增旱田节水灌溉面积400万亩；解决165万农村人口饮水不安全问题；治理水土流失面积270万亩”的建设任务，水利建设朝着大发展、快发展的方向刮起又一次风暴：在每一次厅长办公会上一个个疑问得以化解，在每一次厅长专题办公会上一个个共识得以形成，在每一次厅党组会上一个个分歧得以解决……“围绕中心想全局思发展”，“立足本业议大事谋发展”，“主动作为谋长远促发展”，三个阶段，三个台阶，三个跃动，环环相扣，层层递进，成为推动水利建设科学发展的有效载体和强大引擎。

● 链接

黑龙江省水利厅获省部级以上荣誉称号光荣榜

1. 2000年，荣获“全国水利文明单位称号”

2. 2006年，荣获中组部和省委授予的“全国先进基层党组织”和“全省先进基层党组织”荣誉称号

3. 2008年，荣获“全国精神文明建设工作先进集体”称号

4. 2011年，荣获“全国文明单位”称号

5. 2010年，荣获全省推进“八大经济区”、“十大工程”建设先进单位称号

6. 2011年，厅党组被省委评为“全省学习型领导班子标兵”

7. 2012年，荣获全省“创先争优”先进集体称号

文明的跨越　兴水的辉煌

——河南省漯河市水利局文明创建纪实

漯河因水得城，因水而兴。沙河、澧河穿城而过，并在市区交汇，更加彰显了漯河这座北方水城的独特魅力。拥有9000多年悠久文明史的贾湖遗址在这里发祥，早于赵州桥的天下第一桥坐落于此，这里是中国文宗字祖许慎的故里。漯河市水利局地处沙澧河之滨，周围环境优美，景色宜人。漯河水利人集地域之灵气，融文化之精华，不断谱写治水兴水新篇章。近年来，漯河市水利局以“三个代表”重要思想为指导，深入贯彻落实科学发展观，坚持把深入三个文明建设与水利工作有机结合起来，不断加大创建力度，取得

河南省漯河市新修建的泥河洼滞洪区拦河闸

了令人鼓舞的显著成绩：先后荣获河南省水利系统文明单位、省级文明单位、河南省抗洪抢险先进集体、全国水利系统先进集体、全国水利文明单位、全国防汛抗旱先进集体、全国水利工程管理体制改革工作先进集体。2011年12月，漯河市水利局被中央精神文明建设指导委员会授予“全国文明单位”称号。

以文化建设为引领　全力打造一流团队

讲学习、诵经典。漯河市水利局始终坚持把提高干部队伍素质作为精神文明建设的内在和根本，着力打造学习型干部队伍。积极倡导终身学习理念，提倡多读书、读好书，把学习作为一种政治责任、一种精神追求、一种立身之本，常抓不懈。大力开展“学经典文化，做有德之人”中华经典文化诵读活动，先后在全局举办集体经典文化颂读活动30多场。当前全局上下读背经典、吟唱经典、品赏经典，与圣贤为友、与经典同行蔚然成风。积极开展业务技能竞赛，浓厚的学习氛围激发起广大干部职工学习新本领、钻研新业务、敢于攻坚克难的进取热情。在近几年向市科协推荐的参评论文中，获得了全市论文总量第一、获奖论文数量第一、获一等奖论文数量第一的好成绩。同时，获得河南省科技成果奖一项、漯河市科技进步一等奖一项。在河南省闸门运行工技能比赛中勇夺第一名；在全省水利系统庆祝新中国成立60周年和建党90周年征文评比中，分别荣获一等奖和三等奖。

习礼仪、树新风。该局经常举办文明礼仪讲座、观看文明礼仪视频、组织文明礼仪知识竞赛，大力开展文明礼仪教育活动，提升干部职工的文明礼仪知识水平。深化“文明中原”系列行动，积极参加全市“文明中原大讲堂”，全面开展“讲文明、树新风”、市民文明素质提升工程、“我们的节日”、做文明有礼的中国人网上签名寄语、告别不文明言行、文明交通行动等活动，教育引导干部职工自觉养成文明礼仪行为，培养文明健康的生活习惯。扎实开展创建文明科室、文明职工、五好家庭的评选表彰活动，踊跃参加全国、全省道德模范评选活动，投票有效率达99%。机关90%以上的家庭被评为社区文明家庭，52名同志被评为青年文明职工，有6位同志获得漯河市“十佳市民”荣誉称号。

树典型、争先进。该局积极组织广大干部职工向全国道德模范学习、向水利行业的先进人物学习。在全市水利系统大力开展学先进、树典型、争先进活动，涌现出一批对照先进找差距、立足岗位学先进、建功立业争先进的优秀典型，把其中的四位代表人物作为全系统学习的模范，并组成先进人物事迹报告团，在全系统作巡回报告。通过发挥先进典型的引导、示范和辐射作用，用身边事教育身边人，用身边人激励身边人，积极营造比、学、赶、帮、超的浓厚氛围。漯河市水利局连续15年被市委、市政府评为目标管理先进单位。最近四年连年被授予县级领导班子实绩考核二等奖，全局有50多名干部职工受到省、市表彰奖励。

水利志愿者帮助群众维修抗旱设备

以多彩活动为载体　丰富职工精神文化生活

漯河市水利局坚持把丰富多彩的文体活动作为文明创建的有效载体，不断创新形式，引导广大干部职工积极参与，陶冶情操，享受生活。深入开展“我们的节日”主题活动，弘扬中华优秀文化，扎实开展春节职工联欢晚会、元宵节猜灯谜、清明节网上祭扫、中秋节赏月、重阳节与老干部吃顿团圆饭等活动，增强了民族文化的认同感和凝聚力。定期组织全局干部职工开展卡拉OK、拔河、跳绳、乒乓球、棋类、扑克、猜灯迷、双人绑脚往返跑等比赛，丰富职工的文化生活，活跃了机关气氛。围绕改革开放30周年、新中国成立60周年、建党90周年开展歌咏、演讲、征文比赛以及经典诵读等活动。大力开展“全民健身日”活动，积极参加全省水利系统和漯河市各种文体比赛活动，取得较好成绩。通过大规模、多层次的竞赛活动，为广大干部职工搭建展示才华、彰显能力的平台，进一步增强干部职工的归属感、成就感和自豪感。

以公益事业为己任　凸显社会责任

献爱心、送温暖。近年来，漯河市水利局广泛发动干部职工，向困难家庭、下岗工人、贫困党员、驻村困难户、受灾群众累计捐款60多万元、捐物1万多件，连年被市文明委授予“爱心助学圆梦行动先进单位”称号。2008年汶川大地震发生后，全系统先后组织三次募捐活动，领导班子成员带头捐出一个月工资，副科级以上干部人均捐款超过400元，全系统共计捐款30多万元。积极筹措资金5万多元，为市福利院老年公寓打了一眼深水井，配置了无塔供水设备，从根本上解决了福利院的吃水问题，市福利院的老人代表专门送来锦旗致谢。深入开展春节移民送温暖活动，近三年来共筹措资金280余万元，给移民群众送去了米、面、油等生活物品和慰问金。关心职工生活，每年组织一次职工体检，及时解决困难职工的实际问题，每逢重大节日，局领导都要看望慰问离退休老同志和遗属人员，送去现金和慰问品。局党组还把“重阳节”定为每年班子成员与60岁以上离退休老干部相聚“大团聚”的日子，一起吃顿“团圆饭”，畅谈工作友情，共谋发展大计。

学雷锋、宏志愿。水利局组建了120人的红心志愿者服务队，长年开展学雷锋志愿服务活动。走进沙澧河公园清理垃圾，整治环境卫生，开展义务植树，美化城市环境。在每年中国（漯河）食品博览会召开之际，专门组织党员志愿者走上街头打扫人行道、绿化带、花坛以及护栏、隔离带的卫生，深入背街小巷开展卫生大清扫，消除卫生死角，以崭新的形象迎接食博会的召开。每年“七一”前夕组织广大干部职工开展“奉献爱心、义务献血”活动，用这种特殊的方式，向“七一”党的生日献礼。每逢重大节日，还组织志愿者在重要交通路口值勤，引导市民文明出行。大力开展关爱留守儿童活动，为召陵区延德学校留守儿童捐赠1万元的图书、体育器材等物品，走进儿童福利院参加义务劳动，给孤残儿童讲故事、做游戏，给他们讲课，指导他们做作业，并为他们带去了各种礼物。为了应对2011年春季和2012年夏播期间漯河市遭遇的严重旱灾，成立了50多人的抗旱志愿服务队，深入田间地头，帮助指导群众抗旱浇麦。同时，还积极参加技

漯河市水利局筹措资金为福利院老年公寓打井受到欢迎

组织医疗人员到移民村义诊服务

术下乡活动，帮助农村农民群众打井、建桥、修路，着力解决群众的生产生活问题。近年来，志愿者服务队共参加各类志愿行动30多次，出动人员1800多人次，清除垃圾死角50多处、700多立方米。

多帮扶、有延伸。市水利局主动与郾城区湾赵村结成精神文明共建村，把精神文明共建活动延伸至乡村。筹资160多万元，为该村新修村内外公路13千米，绿化亮化主街道1400米，新修排水系统5000米，新建了10余个垃圾池，重新整修村委办公楼500平方米，新建文化广场2个1200平方米，并配备了娱乐设施，设置精神文明建设宣传栏5处，促进该村新农村和精神文明建设，全面改善了村容村貌和人的精神面貌。他们还专门抽调骨干力量组成帮扶队实地调研，制订帮扶措施，理清发展思路，大力调整产业结构，先后组建了3个奶牛养殖专业协会，发展养殖小区50亩，果林基地100亩，蔬菜大棚种植基地100亩，烟叶种植基地50亩。同时，结合水利部门实际，积极争取农田水利建设等资金340万元，帮助结对帮扶村开展农田水利基本建设，大力发展节水灌溉，建设高标准的农田水利设施，为新农村建设、农业增效、农民增收做出了应有的贡献。由于帮扶工作成效显著，漯河市水利局被评为全省文明单位、帮扶工作先进单位，结对帮扶村被评为全省“清洁家园行动”先进村。

以创建促发展　水利工作成绩斐然

卓有成效的精神文明创建活动，有力地促进了全市水利事业的

战胜沙澧河四次洪水，确保民生安全

快速发展，主要水利建设指标持续位居全省先进行列，实现了精神文明创建和水利业务工作相互推动、相互促进、互动共赢的良好局面。农村水利建设成效显著，全市有效灌溉、旱涝保收田面积均高出全省平均水平16%，为漯河市粮食生产8连增奠定了坚实基础；农村饮水安全建设突飞猛进，一直走在全省前列，年年为群众办实事、办好事；防汛抗旱工作扎实有效，战胜了2008年、2010年沙澧河四次较大洪水，夺取了2009年、2011年春季特大抗旱保丰收的重大胜利；南水北调移民安置工作卓有成效，圆满完成5333人移民安置任务，初步实现了“搬得来、住得稳、能发展、可致富”的移民工作目标，多次受到省委、省政府和国务院南水北调办的表彰；在全省率先完成了水管体制改革任务，被水利部评为“全国水利工程管理体制改革工作先进集体”。

作为全国文明单位，漯河市水利局站在新的历史起点上，机遇与挑战并存，希望与困难同在。漯河水利人将牢牢抓住中央加快水利改革与发展的重大机遇，振奋精神，锐意进取，在文明创建和治水大业中谱写新的辉煌。

● 链接

河南省漯河市水利局荣获省部级以上荣誉称号光荣榜

1. 2009年1月，被中央精神文明建设指导委员会授予“全国精神文明创建工作先进单位”称号

2. 2010年3月，被水利部授予“全国水利工程管理与体制改革工作先进集体”称号

3. 2010年6月，被国务院南水北调工程建设委员会办公室授予“南水北调工程丹江口库区移民试点和干线征迁工作先进集体”称号

4. 2010年10月，被中共河南省委、河南省人民政府授予“河南省南水北调丹江口库区第一批移民迁安工作先进单位”称号

5. 2011年1月，被河南省人民政府移民工作领导小组授予“全省水库移民工作先进集体”称号

6. 2011年12月，被中央精神文明建设指导委员会授予“全国文明单位”称号

7. 2012年5月，被中共河南省委、河南省人民政府授予“河南省南水北调丹江口库区移民迁安工作集体一等功”

扬水利行业精神　开荆楚文明之花

——湖北省水利厅（机关）争创全国文明单位纪实

在湖北武汉，有一个花园式的机关坐落在武昌区繁华的中南路上，美丽而幽静；走进机关大院，首先映入眼帘的是一栋“H”形办公大楼，楼顶上镶嵌着“湖北水利”四个大字，耀眼夺目。就是在这里，曾经成功地指挥了1998年长江抗洪；在这里，见证了科学防控2010年汉江特大洪峰的全过程；在这里，回荡着战胜2011年特大旱灾的凯歌。这里就是湖北省防汛抗旱和全省水利建设的中枢神经——湖北省水利厅。

近年来，湖北水利厅坚持以邓小平理论和“三个代表”重要思

湖北省水利厅开展为民服务推进会

想为指导，认真学习贯彻党的十七大精神，深入落实科学发展观，紧紧围绕推进民生水利发展这个中心，大力弘扬“献身、负责、求实”的水利行业精神，狠抓精神文明建设，成效显著，硕果累累。湖北水利厅先后荣获“全国精神文明建设工作先进单位”、“全国文明单位”、“湖北省最佳文明单位”、“全国水利文明单位”、“湖北省直机关党建工作先进单位”、“党的基层组织建设先进单位”、“省社会治安综合治理优胜单位”、“省绿化工作先进单位”、“省民主评议政风行风优秀单位”、“省直机关目标责任制考核先进单位”等荣誉称号；2010年被授予“全国防汛抗洪先进集体”称号；2011年在抗击多年未遇的特大干旱和防秋汛工作中表现突出，国家防汛抗旱总指挥部、水利部和湖北省委省政府对此给予了充分肯定。

打造领导团队　引领科学发展

领导是一个单位的核心和灵魂。省水利厅注重领导班子建设，精心打造出一支团结、勤政、廉洁、学习型的领导团队。

湖北省水利厅机关干部带头参加所在地文明单位创建活动

水利厅党组先后围绕贯彻落实“三个代表”重要思想、党的执政能力建设、先进性建设、社会主义新农村建设、领导干部增强“三种意识”、党的十七大精神及科学发展观等进行专题学习和研究，理论联系实际，通过不断探索、不断总结完善，提出了新时期湖北治水新思路，描绘出了湖北水利十二五宏伟蓝图，不断用科学发展观引领湖北水利事业的发展。

水利厅党组认真执行《党组决定重大事项议事规则》，建立健全重大决策的规则和程序，重大问题的决策做到民主化、科学化、制度化，班子中形成了一种团结、民主、和谐的氛围。

水利厅党组全面落实党风廉政建设责任制，实行“一岗双责”，重点加强干部选拔使用、水利建设执法、经济责任审计、防治商业贿赂等方面的监督，保证工程安全、资金安全、干部安全。厅党组先后被评为全省落实党风廉政建设责任制先进集体、落实党建责任制先进单位、理论学习先进党组中心组。水利厅也被湖北省纪委命名为“廉政文化建设示范点”。

加强思想教育　彰显核心价值

干部队伍素质的高低是一个单位可持续发展的保证。为缔造一支能吃苦、能战斗的优秀干部队伍，湖北水利厅注重思想政治建设和道德建设，创新思想教育方法，努力彰显核心价值观，着力打造一支高素质的干部队伍。

注重核心价值观的宣传教育。水利厅在系统内广泛开展水利行业精神、《公民道德建设实施纲要》、社会主义荣辱观、社会主义核心价值体系的宣传和教育，积极引导干部职工树立正确的理想信念和世界观、人生观、价值观、权力观。组织干部职工观看《建党伟业》、《生死牛玉儒》、《铁人》等优秀影视剧，聆听湖北省劳动模范——陈刚毅同志先进事迹报告会，学习“模范水文标兵”——谢会贵、“杰出水利科技专家”——崔政权等同志的先进事迹，力求做到用优秀的影视作品鼓舞人、用先进的事迹鞭策人，用典型的事例感染人，使广大职工在潜移默化中受到教育和熏陶。

注重思想道德建设。通过上党课、读书、研讨、革命传统主义教育等，开展一系列灵活多样的思想道德建设活动。开展“提高政府执行力”大讨论；组织党员干部和共青团员奔赴革命圣地延安、西柏坡等地接受革命传统教育；引导干部职工积极参与社会公益事业，积极向灾区、向贫困地区、向结对共建村贫困农户献爱心捐赠活动等。

注重典型示范引导效应。近年来，湖北水利系统涌现了一大批水利楷模：水利基层干部的楷模——简华平，生前系湖北沙洋县十里铺水利服务中心主任，2011年面对沙洋县50年一遇的罕见旱情，简华平身先士卒，忍着病痛，连续2个多月奋战在抗旱第一线，他在灌溉总干渠泄洪闸清除倒虹吸管杂物时，不幸因公殉职，牺牲在抗旱第一线，年仅50岁。湖北省漳河工程管理局的秦生全，是一位普通平凡的职工，多年来他一直坚守在边远偏僻的陈井村管理组，精心维护着水库堤坝的安全，在平凡的工作岗位上默默奉献。还有勤政廉政水利干部——全国先进工作者、孝昌县水利局副局长蒋志刚等。水利厅及时抓住这些先进典型，大力宣传，动员广大水利干部职工学习他们的先进事迹，弘扬他们的崇高精神，在机关内形成一种学习先进、崇尚模范、见贤思齐、争先创优的生动局面，在系统内形成了一种想干事、敢干事、干成事的良好氛围。

深入联系群众　树立良好行风

一个单位良好的形象也取决于好的行风。水利厅按照“为民、务实、清廉”的要求，大力开展行风政风建设。

创先争优的蓬勃开展，文明服务，阳光操作，优化程序，规范内容，减少审批，提高效率，严格按照“为人民办事、对人民负责、受人民监督、让人民满意”的标准服务等一系列转变和举措，都显示出水利厅“优政风行风，树水利形象，做人民公仆”的决心。

创建厅行政服务中心，开通“湖北省水利政务公开专网”；举办“政风行风热线”节目，通过媒体与人民群众面对面地沟通等一系列亲民举措，显示出水利厅密切联系群众的诚心。水利厅机关连续荣获“全省民主评议政风行风建设优秀单位”称号。

水利厅党组书记、厅长王忠法下基层劳动

在“治庸问责”风暴中，“治庸提能，治懒提效，治散提神，治软提劲”，把治庸与提能、问责、履职紧密结合；在“三抓一促”活动中，“抓作风、抓环境、抓落实、促跨越”。一次次活动的开展，不仅全面提升干部职工的能力和素质，更在全省行业系统树立了水利人的良好形象。湖北水利厅的做法得到各厅局的一致认可，其经验在省直机关治庸问责工作推进会上作了交流和推广。

切实关注民生　真情服务“三农”

金杯银杯不如人民的口碑。湖北水利厅真心关注民生，真情服务“三农”。力争让“平安水利、民生水利、生态水利、法制水利、可持续发展水利、现代水利”六大水利工作目标齐头并进，切实为人民群众办实事、办好事。

水利厅围绕抗洪保平安、抗旱保丰收、抗灾保发展的目标，不断构建“防、减、复”并举的江河防洪体系，抓病险水库除险加固，抓大型排涝泵站更新改造，抓水利汛防，大搞新农村水利基本建设。2010年省防办分别被国家防总、人社部、解放军总政治部和

水利厅领导参加湖北省行风热线问答

湖北省委省政府授予防汛抗旱及防汛抗洪先进集体。水资源管理工作成效显著，被水利部授予“全国水资源工作先进集体”荣誉称号；农村饮水安全工作成绩喜人，连年超计划完成任务，促使国家解决农村饮水安全工作规划整体提前了五年，湖北省饮水办被省委、省政府表彰为“人民满意的公务员集体”。

组织开展“城乡互联、结对共建”、“万名干部进万村入万户”、“万人评窗口”、“新三万”等活动。湖北卫视连续报道湖北水利厅“新三万”活动，在“新三万、挖塘堰、我参与、我贡献”倡议中，水利系统广大干部职工不负重托，不辱使命，打好塘堰整治这场攻坚战，再次显示出湖北省水利厅一心一意服务“三农”的信心和决心。

丰富文体活动　营造和谐氛围

水利厅坚持把加强和谐文化建设作为精神文明建设的有效载体，在厅机关开展“创文明单位，建和谐机关、和谐单位”活动，采取多种形式活跃机关文化生活，充分展示水利干部职工的精神风貌。

积极组队参加水利部、湖北省委省政府组织的各类文化体育活动，有多个单位、多个项目和个人获奖。水利文学创作累计有56篇获省部级奖项，有36件书画、摄影作品类获省部级奖项；成功举办全省水利系统庆祝建国60周年文艺汇演；在湖北省直机关第二届职工运动会上，获大众广播体操比赛团体一等奖、创新奖及组织奖；在“歌唱祖国——湖北省直机关干部职工大合唱竞赛活动”中获梅花金奖。开展“水利青年杯”篮球赛、职工趣味运动会等体育活动，举办省水利厅春节晚会、文艺调演等文艺活动，注重营造一种热烈喜庆、欢乐祥和、积极向上的浓厚氛围，把文明创建不断引向深入。

组织职工参加省直机关运动会广播体操比赛

在“十二五”期间，湖北水利厅将抢抓新一轮水利加快改革发展的历史机遇，抓紧工作，按照“全国一流、中部领先”的要求，努力开创湖北水利工作新局面，扬水利行业精神，开荆楚文明之花。

● 链接

湖北省水利厅获省部级以上荣誉称号光荣榜

1. 2009年1月，被中央精神文明建设指导委员会授予“全国精神文明建设工作先进单位”荣誉称号

2. 2009年1月，被湖北省委、省政府表彰为“全省落实党风廉政建设责任制先进集体”

3. 2010年，被水利部表彰为“全国水土保持监督执法专项行动工作突出单位”

4. 2010年，被水利部表彰为“全国水利工程管理体制改革工作先进集体”

5. 2010年，被水利部表彰为“全国水利财务工作先进集体”

6. 2010年，被水利部表彰为“全国农村水电及电气化建设先进集体”

7. 2010年，被水利部表彰为“全国水利信访工作先进集体”

8. 2010年6月，被湖北省委表彰为“省直机关2008—2009年度党建工作先进单位”

9. 2010年7月，被湖北省委表彰为“先进党委（党组）中心组”

10. 2010年12月，被国家防总、人社部、解放军总政治部授予“全国防汛抗旱先进集体”荣誉称号

11. 2010年12月，被湖北省委、省政府、省军区授予“全省防汛抗洪先进集体”荣誉称号

12. 2011年4月，被湖北省委、省政府表彰为“全省社会治安综合治理优胜单位”

13. 2011年4月，获全省党的基层组织建设工作通报表扬

14. 2011年6月，被湖北省委表彰为“全省党建工作先进单位”

15. 2011年6月，被湖北省委、省政府表彰为“省直机关目标责任制考评先进单位”

16. 2011年8月，被湖北省委、省政府授予“2009—2010年度省级最佳文明单位”称号

17. 2011年12月，被中央精神文明建设指导委员会授予“全国文明单位”荣誉称号

服务云南水利　浇灌云岭春天

——云南省水利水电勘测设计研究院创建全国文明单位纪实

云南省水利水电勘测设计研究院（以下简称云南院）成立于1964年，隶属于云南省水利厅，坐落在历经千年历史风云的昆明五华山东麓，秀美多姿的翠湖之滨。历经近50年的努力奋斗，如今发展成为集大中型水利水电及电力工程规划、设计、科研、咨询、勘察、测量、环评、水保、造价、招标代理、质检、监理、总承包等于一体，具有雄厚综合技术实力的国家甲级综合性水利工程勘察设计的科技型单位。在2011年云南省勘察设计企业综合排名第七（水利行业第一）。走过近半个世纪的历史沧桑，历尽了几代水院人无怨无悔的付出、艰

云南省水利水电勘测设计院设计的云龙水库

辛探索与不懈努力，云南院确立了传统的主业优势，奠定了在云南省水利水电勘测设计行业中权威领航者的地位。

一、管理篇

作为云南省水利系统唯一获得“全国文明单位”和“全国五一劳动奖状”荣誉称号的单位，云南院的发展与进步得益于有一个团结、务实、和谐、进取的领导班子。近年来，在改革开放的大潮中，云南院领导班子始终坚持正确的政治方向，坚定不渝地执行国家政策方针，在云南省委、省政府和省水利厅的领导下，班子成员团结务实、开拓进取，带领全院干部职工在发展中促和谐，以和谐求发展，带领全院职工出色地完成了各项任务。在管理上，建立和实施了体现民主集中制的四大体系：一是党委会决策体系；二是以院长为中心的生产经营指挥体系；三是以纪委为核心的监督保证体系；四是职工民主参与决策的管理体系，使民主集中制原则在我院工作中具体化、规范化。院领导始终把和谐稳定当作云南院的工作之重，在安全生产、保密和普法、综治维稳、平安建设等工作中，坚持定期检查和日常防范相结合，每年都召开总结、培训会议，以提高职工自身觉悟和防范能力，全院没有发生一起安全事故，没有发生一件影响单位和谐稳定的事件，没有发生一例违法违纪行为。云南院按照“服务、环境、教育、文化、治安”五位一体，推进社区建设要求，为社区建设作出了贡献。继续保持了昆明市平安建设先进单位、无毒社区“先进单位”、青年路大院 “绿色平安小区”等荣誉称号。

针对院劳动关系较为复杂的特点，云南院始终把构建和谐劳动关系作为工作的重心。目前，全院在岗事业编制人员共340余人，聘用各类技术劳务人员500余人，聘用一般劳务人员100余人。虽然身份不同，但在绩效考核、工资福利等方面一视同仁，实现了同工

云南院开辟荣誉室

同酬同福利，在劳动光荣的氛围下，使得全院干部职工和谐稳定。2011年云南院荣获“全国农林水系统和谐企事业单位”奖，2012年被中国农林水利工会表彰为“全国水利系统模范职工之家”。2012年4月23日，中华全国总工会授予云南院“全国五一劳动奖状”荣誉称号。

在市场服务上，牢固树立“以人为本、环境友好、优质高效、技术先进、顾客满意”的理念。云南院把质量视为单位的生命线，强调要靠优质、高效、完善、周到的服务和质量信誉来赢得市场。早在2002年，云南院就通过了ISO9001:2000质量管理体系认证，2008年11月荣获全国水利水电勘测设计行业信用评价AAA等级认证。2010年及2012年又顺利通过质量/环境/职业健康安全三体系贯标认证。设计院产品合格率始终保持100%，优良率达90%以上，无一起安全质量责任事故和顾客投诉事件，社会形象及信誉良好。

二、人才篇

走进云南院，你会充分感受到一个作为“全国文明单位”和

"全国五一劳动奖状"获得单位的风采，同事间的和睦相处，到处充满了学习的氛围，从领导到职工精神面貌良好。院领导班子成员都是从基层、工地上磨炼出来的行家里手，分工不同，各自负责的部门也都成绩斐然。院长王建春是全国水利系统勘测设计先进个人、全国五一劳动奖章获得者、云南省第十九届"先进工作者"；院党委书记俞宗泰是省委省直机关工委表彰的先进党务工作者。在他们的带动下，全院形成了人人争做行家里手、技术排头兵的良好工作氛围。云南院通过制订和落实相关人才政策，紧抓培养、吸引和用好三个关键环节，加大了对人才的培养力度，拓宽了引进人才的渠道。通过创新人才激励机制，深化干部人事制度改革，努力营造有利于人才脱颖而出的环境，人才整体素质不断提高。人才强院战略稳步实施，努力为云南院的可持续发展，为全省水利提供大量管理人才和技术人才。目前，云南院专业技术人员占职工总人数的85%以上，占云南省水利专业技术人员的50%以上。其中云南省工程勘察设计大师3人，正高工12人，副高工135人， 79人入选国家级、省级专家库，18人享受国务院、省政府特殊津贴及突出贡献

与昆明理工大学共建人才培养基地

奖。作为云南省水利行业唯一具有甲级资质的设计单位，云南院打造了一支思想过硬、作风过硬、技术过硬的干部职工队伍。近年来，云南院获得“省部级先进集体”、“先进生产工作者”“水利部文明工地”等122个国家、省部级奖项，2011年在全省勘测设计企业综合排名第七（省属第三）。全院从人才到技术综合实力显著提升，知名度不断扩大。

三、责任篇

充分发挥技术优势，立足公益水利，服务民生水利，是云南院所倡导的工作主线。清代诗人魏源诗云：昆明池水与天连，汇尽西山万道泉。解释蓬莱仙岛近，何须海上遣楼船。说的就是滇池，古往今来有多少文人墨客曾在滇池边流连忘返。为了美丽的滇池，云南院责无旁贷，全院干部职工在院领导班子的带领下，以高度的责任感和崇高的使命感，较好地完成了全省重点建设项目牛栏江—滇池补水工程勘察设计工作，为“高原明珠”——滇池的水生态治理与修复贡献了力量。在“润滇工程”、“滇中引水”工程及病险水库除险加固工程等方面，均取得了突破性进展。完成掌鸠河云龙水库、清水海引水及水源环境管理项目的勘测设计工作，为极度缺水的昆明市构建合理的供水体系提供了有力的技术支撑，在最为关键的

云南院与辖区派出所开展警民共建活动

时候缓解了昆明城区濒临供水不足的严峻难题，让昆明市区的人民群众喝上了甘甜放心的自来水。在云南省遭遇三年连续干旱的情况下，云南院协同相关部门前往旱灾现场进行调研，解决技术难题，做好技术服务，根据旱灾中暴露出的云南省水利基础设施仍然十分薄弱、水资源调配能力和供水保障水平仍然很低等问题，在最快时间内按省委、省政府及水利厅部署要求，加班加点，在较短时间内组织完成了“云南省百件骨干水源工程建设规划”、“西南五省区（云南省部分）近期骨干水源工程建设规划”、“云南省水利发展‘十二五’规划”及“全国‘十二五’大中型水库建设规划（云南省部分）”等重要规划成果，为抗旱救灾提供了技术支持。与此同时，在保护国土及防洪减灾方面作出了贡献。对水土流失严重地区及九大高原湖泊径流区承担了部分水环境综合治理工程的勘测设计任务，为生态环境治理及修复发挥了较大的作用。院班子带领全院干部职工以实际行动诠释了水利人“献身、负责、求实”的行业精神和云南省第九次党代会明确提出的高远、开放、包容的“高原情怀”，坚定、担当、务实的“大山精神”。

多年来，云南院干部职工在技术扶贫、帮困济贫、捐资助学、抗震救灾、爱心捐助活动中默默奉献，出资15万元捐建龙陵班迈小学；组织党员为水校特困学生损款11.38万元；为汶川地震、怒江贡山县特大泥石流灾害、盈江地震等灾区先后捐助50多万元等。面对严

给海嘎小学送捐款及数字教学设备

重的雪灾、干旱、洪涝、泥石流等自然灾害，云南院多次组织技术人员、专家到基层单位做好科技服务和扶贫工作，受到了当地政府和群众的一致好评。2010年云南省遭受了百年一遇的特大旱灾，抗旱救灾保民生成为各项工作的重中之重，全院干部职工以高度的责任感，积极投入到抗旱救灾行动中，三次组织捐款捐物献爱心，多次在水源区进行捐资助学活动，热心帮助失学儿童。2011年3月10日，云南省盈江县发生了5.8级地震，地震发生后，云南院立即调动在盈江县附近的所有工程技术人员，第一时间赶赴灾区，就大盈江流域部分震毁河堤及部分损毁水利设施进行综合技术评估，在最短的时间内完成了损毁风险评估及处理方案实施方案报告，为省政府抗震救灾方案的出台提供了依据。2012年，“6·24”云南宁蒗和云南省昭通彝良地震发生后。全院干部职工自发踊跃捐款171145元送到灾区。2012年10月为积极支持和帮助云南山区半山区群众建设“爱心水窖”，全院干部职工又捐款100966元。2012年11月6日，院组织全体院领导及各党支部、部分职能部门干部职工到云南省荣誉军人康复医院开展慰问活动，为医院和住院治疗的荣誉军人送上慰问礼物和3万元慰问金。仅仅“十一五”期间，全院干部职工共计参加各项捐款超200万元。

四、文化篇

结合48年发展的历史文化沉淀，云南院提炼出院“责任、诚信、务实、创新、和谐、共赢”的核心价值观，自觉将精神文明创建成果“内化于心、固化于制、宣化于物、外化于行”，以“创先争优”为载体，以“五好五带头”为目标，充分发挥党组织的战斗堡垒作用和党员先锋模范作用，形成了团结互助、平等友爱、融洽和谐的工作环境和人人支持、参与文化建设的浓厚氛围。在各项工作均取得长足进展的同时，云南院始终坚持以文化建设为载体，为队伍建设添活力，全面促进各项工作健康发展，各项工作有序进行，把文化建设和弘扬雷锋精神相结合，继续推动学雷锋活动常态化，全力打造特色单位文化，促进精神文明建设，培育助人为乐的良好风尚，单位在社会上的知名度及美誉度得到不断提升。

云南是一个多民族地区，在云南院职工中，就汇集了白、傣、彝、哈尼、纳西等15个民族，多年来，云南院党委班子坚持团结尊重少数民族职工，坚持关爱干部职工、离退休职工、困难职工，真心实意为职工办实事、办好事。坚持把关心职工、爱护职工、服务职工作为立足点，千方百计为职工办实事、谋好事。坚持慰问一线，夏送清凉，冬送温暖。努力改善职工就餐环境，保证了院职工食堂菜品质量；建立温馨的职工工间休息室，让大家在工作的空暇时间短暂休息调节身心；进一步落实带薪休假制度，制定多条精品旅游路线，鼓励职工集体休假，让职工在休假中彻底放松身心；建立了特困职工帮扶机制，建立了困难职工档案，及时帮助遭遇天灾人祸职工家庭的生活，凡职工生病、住院，都及时到医院看望。如组织为院已故困难职工子女倪婷婷捐款10600元，保障其能继续完成学业。云南院钻探队退休人员袁长建于2011年12月25日病故，因家在农村，其妻患病多年，上有近80岁老人需要赡养，下有两个孩子还没有工作，家境十分贫困，院勘测分工会发起向袁长建家属献爱心捐款活动，共捐款13560元帮助她们共渡难关。云南院根据老同志居住地的情况，落实专项经费50多万元，在老同志相对集中居住的片区分别修建了6个活动室，集中开展丰富多彩的文体活动，活动室总面积达到了334. 8平方米。对长期生病住院或不能出门的同志，院领导定期进行走访慰问，特别是对高龄、孤寡、伤病，且子女不在身边的老同志，院制订了助老帮困方案。如院离休职工尹松华老人，膝下无儿女，院里帮其请了保姆，院领导经常看望，在去世的时候院里帮助其亲属料理了后事，等等，通过不同的方式把关爱传递到职工需要的地方。云南院的职工始终感受到单位大家庭的温暖，工作家庭两不误，实现了“三低一高”（即投诉率低、跳槽率低、离婚率低，职工子女升学率高），职工幸福感较强。

在全院干部职工的共同努力下，云南院经济效益、社会效益显著，职工收入逐年增长，文明建设硕果累累，在多年保持市级、部级、省级文明单位的基础上，连续二届获得“全国精神文明建设工作先进单位”称号，2011年被中央精神文明建设指导委员会评为“全国文明单位”。

追风赶月向未来，春华秋实在水院。回顾过去，一本本奖状背后写下的是云南院奋斗的艰辛，一份份荣誉承载的是比山还重的责任，云南院从来没有因为荣誉和光环而停止前进的脚步，将稳步推进、继续实施好院“十二五”发展规划纲要，忠于社会事业，达成国家重托，关注长期社会效益，充分发挥云南院技术优势，打造优质水利工程，坚持遵循院“责任、诚信、务实、创新、和谐、共赢”的核心价值观，团结一致，奋力拼搏，谱写云南院一个又一个辉煌灿烂的新篇章，把云南水利事业不断推向新的发展阶段，实现新的跨越！

● **链接**

云南省水利水电勘测设计研究院获省部级荣誉称号光荣榜

1. 2008年，被水利部授予“全国水利科技工作先进集体”荣誉称号

2. 2008年，被云南省人民政府授予“云南省水资源开发利用评价方法及指标体系研究三等奖”

3. 2008年，被水利部授予“全国水利科技工作先进集体”荣誉称号

4. 2009年，被中央精神文明建设指导委员会授予“第四届全国精神文明建设工作先进单位”荣誉称号

5. 2009年，被评为“云南省人民政府2006—2008年文明单位”

6. 2010年，被评为“全省水利工作先进集体”

7. 2010年，被水利部评为“全国水利技术监督先进集体”

8. 2010年，获“全国水利系统勘测设计先进集体”荣誉称号

9. 2010年，被评为“全国水利财务工作先进集体”

10. 2010年，文山县暮底河水库枢纽工程获“中国水利优质工程大禹奖”

11. 2011年，牛栏江—滇池补水工程施工控制网测绘获“全国优秀测绘工程银质奖”

12. 2011年，云南省华坪县务坪水库工程设计获“全国优秀水利水电工程设计铜质奖”

13. 2011年，获“全国农林水系统和谐企事业单位”荣誉称号

14. 2011年，被云南省精神文明建设指导委员会授予“关心青少年成长先进单位”荣誉称号

15. 2011年，牛栏江—滇池补水工程施工控制网获“2011年优秀测绘工程银质奖”

16. 2011年，“云南省地方标准《用水定额》制定研究”项目获“云南省科技进步三等奖”

17. 2011年，被中央精神文明建设指导委员会评为“全国文明单位”

18. 2012年，获云南省人民政府科学技术奖励证书（用水定额标准制定研究）等级（三等）

19. 2012年，获“全国水利系统模范职工之家”荣誉称号

20. 2012年，被中华全国总工会授予“全国五一劳动奖状”

用精神文明创建引领水利发展

——陕西省江河局精神文明建设纪实

2011年12月20日，全国精神文明建设工作表彰大会在北京隆重举行。陕西省江河水库管理局（简称陕西省江河局）作为全国水利系统入选的14家文明单位之一，被授予第三批“全国文明单位”光荣称号。激动人心的喜讯传回西安，全局系统1000多名职工欢呼雀跃。多年来持之以恒的精神文明创建活动，从陕西省水利厅授予的文明单位到省委、省政府授予的省级文明单位，再到获得“全国精神文明建设工作先进单位”称号，坚持不懈，一路高歌，最终夺取了“全国文明单位”的最高荣誉，成为西北五省（区）水利行业唯一获此殊荣的

陕西江河风光——陈仓余韵

单位。

夯实责任让软指标变成硬任务

陕西省江河水库管理局是在原陕西省三门峡库区管理局基础上组建的，同时加挂陕西省渭河流域管理局牌子，实行一套机构、三块牌子运行机制。主要负责渭河流域规划编制及组织实施、防汛抗洪技术指导、防洪工程建设与管理、水资源管理与调配、水行政执法等工作。

作为一个下属单位众多、人员结构复杂的老单位，如何在新形势下改革创新、实现可持续发展，成为陕西省江河局必须面对的问题。在充分调研的基础上，局班子得出的结论是：必须坚持物质文明和精神文明两手抓、两手硬。确定的指导思想是：积极践行“人水和谐”治水新理念，以“加快发展”为主题，以“维护河流健康、构建和谐单位”为目标，以党建工作为先导，以文化建设为抓手，以职工受益为核心，推动两个文明建设持续、健康、协调发展，实现“事业快速发展、职工队伍稳定、生活逐步富裕”多赢局面。在这个思想指导下，省江河局从“十五”规划时期开始，几任领导集体咬定一个目标，坚持不懈狠抓精神文明建设。2006年被水

陕水集团第四工程公司全国“青年文明号”揭牌仪式

利部授予“全国水利文明单位”。在此基础上，省江河局确定了创建全国文明单位的奋斗目标，成立了以主要领导为组长的精神文明建设领导小组，制订了《精神文明建设2010—2014年工作规划》，明确了6项工作目标、9大项24小项主要任务和6项保证措施，坚持把创建活动列入党政领导班子任期目标和年度工作目标，列入职工代表大会进行审议，将软指标变成硬任务，使两个文明建设任务得到了同时部署，同时签订目标责任书，进行检查考核。

在文明单位创建中，陕西省江河局把发挥基层党组织的战斗堡垒作用和党员先锋模范作用摆在创建工作首位，以党建促创建，先后开展了学习实践科学发展观、“讲党性、重品行、做表率”、学习型党组织建设、学习宣讲中央1号文件等一系列活动。与此同时，深入开展创先争优活动，在活动中修改完善了《支部工作手册》，向每一个党员发放了《党员手册》，全面推行了基层党组织和党员承诺制。突出作风建设和党风廉政建设，2010年开展了“学习提高年、作风转变年、规范管理年”“三个年”活动。深入开展文明测站、文明处室、文明工地、青年文明号为主要内容和党员之家、职工之家、离退休老同志之家、科技工作者之家、青年之家的“五家”活动，把创建活动推向高潮。创建与党建工作的紧密结合，全面提升了陕西省江河局的精神文明建设水平，全面激发了职工的工作责任感和工作热情，形成了人心思进的工作氛围。尤其是在2011年渭河抗洪抢险关键时期，全局干部职工始终冲锋在抗洪抢险一线，及时处置了18处河道工程险情。为迎战渭河下游30年来最大洪水做出了突出贡献，被陕西省防汛抗旱总指挥部通报表彰。

用文化锻造精神利剑

渭河既是一条性情复杂、极难驯服的中国“第二大悬河”，又是一条孕育了周秦汉唐盛世、拥有深厚文化底蕴的陕西人民的母亲河。作为渭河流域防汛抗洪与工程建设、水资源调配和执法的主管部门，省江河局依托渭河深厚的文化底蕴，以走读渭河、举办论坛、建造水景观和丰富的文化活动为载体，加大渭河水文化建设，坚持将“渭河健康生命行”大型公益活动作为全局“十一五”战略规划的重要支撑项目和创建文明单位的核心内容来抓，成立了以主要领导为会长的渭河水文化研究会，加强水文化建设领导。4年来，陕西省江河局先后举行了书画联谊笔会、书画摄影展、大学生情系渭河考察、媒体记者渭河采风、青少年征文比赛，种植青年林、奥运林、巾帼林、中日青年友好林等一系列活动。通过走读渭河，唤醒了公众关注渭河、了解渭河、宣传渭河、爱护渭河的意识和自觉行动，为维护河流健康生命奠定了基础。

针对渭河上游水少、中游污染、下游淤积的严峻问题，陕西省江河局与省水伙伴协会等单位，围绕渭河水文化、水资源、水环境，渭河安澜，成功举办了四届“渭河论坛”，先后邀请了水利部副部长刘宁、全球水伙伴中国委员会常务副主席董哲仁、中国工程院院士王浩等一大批国内外专家学者，通过学术交流 “论剑”渭河治理方案，吸引了人民日报等30多家媒体竞相报道。并编辑刊印了《渭河流域文化萃览》、《渭河箴言》、《情系母亲河》、《诗情画意描渭河》、《渭河论坛专辑》、《渭河少年爱渭河征文集》等数百万字的书籍上万册，唱响了渭河水文化的品牌。同时，借助渭河曲折富饶的水流与沿岸丰厚的风土人情，先后建成了黄渭洛河三河口汇流区示范工程、苏村险工示范工程，极大地丰富了渭河水文化内容。

“两处水景观建设，不仅很好地将渭河河道工程与周围风土人情、治水文化、旅游休闲相结合，较好地宣传了渭河文化与渭河治理事业，而且还改善了当地群众居住环境，吸引了大批群众前来参观。”陕西省江河局党委书记袁录怀如是说。

在加强渭河水文化宣传、建设的同时，省江河局还不断加强职工思想道德建设，活跃职工文化生活。组织开展了单位形象识别系统设计，着手编制局歌，提升单位形象。不断推进“和谐组织、和睦家庭、快乐人生”的文化建设，以公民道德建设纲要为基础，开展了领导事业心、中层上进心、职工责任心和职业道德、家庭美德、社会公德建设“三心三德”教育活动。编制创作了歌颂渭河治理成就的《潼关回望》、《江河颂》等节目。组建职工业余艺术团，开展局内“十大歌手”选拔活动，职工歌手安凤多次被水利部抽调参加慰问巡演，并在全国水利系统水歌曲比赛中获得美声组一等奖。坚持每年举办一次全系统大型活动，先后举办了歌咏比赛、职工运动会、文艺汇演等活动。引导职工自发成立了登山、摄影、书画、羽毛球、乒乓球等三个协会。丰富的文体活动不仅丰富了职工文化生活，提升了单位文明形象，而且激发了职工的工作热情，使得该局先后在厅直系统庆祝新中国成立60周年歌咏比赛中荣获一等奖，庆祝中国共产党建立89周年文艺汇演中荣获二等奖，庆祝中国共产党建立90周年文艺汇演活动中荣获特等奖；在厅直系统羽毛球、乒乓球比赛中荣获团体总分第一名等好成绩。

陕西省江河水库管理局组织党员干部参观反腐倡廉展览

做强企业文化。其下属的陕西水利水电工程集团、陕西水环境工程勘测设计院坚持“诚信双赢”的经营理念和“精心组织、科学管理、规范施工、营造精品”的质量方针，按照“团结拼搏、开拓创新、求实奉献、追求卓越”的企业精神，以文明工地创建为抓手，打造诚信企业，使得企业文化格外浓厚，经营市场不断扩大，先后被评为全国优秀水利企业和用户满意企业。

丰富的文化生活，不仅让陕西省江河局精神文明花儿别样红，而且还先后获得多项殊荣。2010年该局被全国农林水工会授予“全国农林水模范职工之家”称号。局属单位共创建省级文明单位4个、市级文明单位4个，全国农林水模范职工小家1个、陕西省模范职工小家1个、省级工人先锋号1个，全国青年文明号1个、省级青年文明号4个，文明单位数占局属单位的90%。

以人为本做足强局之基

在2011年陕西省首届职工科技节比赛中，陕西省江河局职工刘迎新提出的《架设一次全站仪测量多条横断面的方法》，从近百名参赛职工中脱颖而出，一举获奖，被陕西省总工会授予“陕西省职工先进操作法”称号。

其实这只是陕西省江河局以人为本、重视人才队伍建设、取得优秀成果的一个缩影。作为渭河防洪工程规划、建设和水资源管理的主管部门，业务技术的强弱决定着陕西省江河局的发展快慢。为此，陕西省江河局一直将人才培训作为强局之策坚持抓，启动实施了“11511”人才工程。在教育培训的方式上，逐步树立大教育观念，向全体员工提供多渠道、多时空、多媒体的学习机会，开展全员教育、全程教育，使职业素质教育、继续学习教育、经营管理教育、勘测设计业务知识及操作技能教育几大系统相得益彰。先后举办了防汛抢险技能演练、水事案件现场执法技能比武、安全生产知识竞赛等活动，促使职工在学习培训中成长，在竞赛交流中提高。

积极开展人才“订单式”培养和定向培训。先后与武汉大学、长安大学、西安理工大学联办工程硕士研究生培训班，使得40余名职工取得研究生学历。连续四年向中国水科院输送了4名高级技术人才，参加了中组部组织的西部之光访问学者活动。2005—2008年，与陕西省行政学院联合举办了五期中层干部脱产培训班，全局84名科级以上干部得到了为期一个月的管理知识集中培训；并制定职工教育管理办法，导入学习奖励机制，对晋升本科、硕士学历的职工实行一次性奖励制度，在全局范围内形成了比技能、赶学历、赛业务的浓厚学习氛围。积极开展学术总结和交流活动，每年组织局领导、处级以上干部、高级职称和硕士研究生以上技术人员提交一篇有分量的调研报告。职工们在《人民黄河》、《工程设计学报》、《地下水》、《长三角》、《陕西水利》等国家、省级核心期刊上发表论文近千篇。

同时，加强干部队伍建设，制订下发了《干部管理办法》，全面规范了干部选拔任用推荐、考察、任用等每一个环节，先后为基层事业单位配备了总工程师，交流轮岗了15名科级干部，对25名表现比较突出的干部进行了提拔，给全局各项工作注入了新的活力。

通过各类培训、学习活动，使得全局职工队伍的工作作风、工作能力和综合素质显著提高。截至目前，全局大专以上学历的职工比例达到66%，较“十五”期间提高了30%。中高级职称人员占管理人员的50%，高级工和技师占工人总数的60%。

强有力的人才队伍建设，为陕西省江河局的业务发展插上了“腾飞的翅膀”。几年来，他们先后在渭河治理建设中取得了具有重大影响的50余项研究成果。娄建民开发的《河道水库淤积测验分级面积及库容计算方法》，使淤积测验内业计算效率提高3倍以上，成为水利系统唯一被陕西省总工会以个人名字命名的工作法。在2011年陕西省总工会举办的陕西省首届职工科技节中，陕西省江河局参赛的“渭河下游一维洪水演进数学模型研究”、“陕西省黄河取水许可总量控制指标细化方案研究”两个项目分别获得了陕西省职工发明创新成果金奖、银奖。其中“渭河下游一维洪水演进数学模型研究”是该局自成立以来首次获得该项金奖，也是整个水利系统参加此次科技节获得的唯一金奖。

真情关怀用心温暖人

以人为本，最重要的是用心温暖人，扎扎实实为职工群众做好事、办实事、解难事，只有这样，才能凝聚人心，留住人才，促进发展。

为了让职工切实感受到单位集体的温暖，陕西省江河局从小事入手，从细微处着手，把关心职工的生活作为增强职工队伍的凝聚力和向心力的一项重要工作来抓，把为职工办实事作为考核领导干部工作的一个硬指标来推行，重视维护职工权益，先后解决了工资晋升、医疗保险、房产证办理等一些关乎职工切身利益的难点问题。对有病住院及生活困难的职工，经常组织去看望，及时为他们排忧解难。建立了全局职工每两年进行一次体检、40岁以上职工每年进行一次体检的良好机制，为职工健康工作提供了保障。组织开展了处级以上干部结对子帮扶、“金秋助学”等工作，切实帮助困难职工。仅2011年就对21名考入大学、研究生的职工子女进行了帮扶奖励。对老职工及遗属实行定期看望慰问制度，每逢重阳节召开老职工座谈会或进行走访看望，想方设法解决老干部看病问题。每年的“三八”妇女节、重阳节等，组织一些登山和文艺汇演等活动，以开阔职工视野，陶冶职工情操。

关心一线职工生活。为局属单位秦水公司送去了洗衣机、消毒柜、篮球架等用品，提高了职工的生活质量，改善了职工的生活环境。2011年局里又筹资2万元为职工生活、工作条件最为艰苦的水文

创新性开展“三八”妇女节纪念活动

测站配备了冰箱、洗衣机、音响等生活用品，使他们深深地感受了组织的温暖。为了保证员工“待得舒心”、“干得满意”，陕西省江河局还不断改善工作环境，为职工配备了包括电脑、办公桌椅等办公用品。为了给职工工作、生活提供一个有力的后勤保障，2011年7月初，又对机关食堂进行了整顿改造，提高了伙食质量，改善了就餐环境，得到全体职工的一致好评。同时，积极筹措资金，加快职工住房建设，使得渭南朝阳路综合楼和住宅楼顺利建成；改造完成了华阴河务局、水文局办公楼、家属楼，新建桃园水文站办公楼，局属单位一批职工活动室、食堂及娱乐健身设施建成使用，全局职工办公、生活条件显著改善。加大经营创收，使得职工年均收入由2005年的1.45万元增至2010年的3.16万元，年均增长11%。

积极鼓励员工参与民主管理，建立健全了职工代表大会制度。局工会以“关注”、“保障”、“维权”为主线，开通了职工论坛和网上BBS，围绕全局发展战略、质量管理、后勤保障、人力资源、文化娱乐等方方面面，各抒己见，使得职工参与民主管理的热情空前高涨，增加了单位向心力和凝聚力，实现了个人价值和单位发展的同生共赢。

文明创建助推事业大发展

精神文明创建工作让陕西省江河局先后获得各项殊荣。仅“十一五”以来，就有省级防汛工作、“两联一包扶贫”、水利档案管理、水利建设管理、水资源工作、水行政执法等30多项工作获得各种荣誉，两次夺得全省水利系统最高荣誉“爱水杯”，多次荣获全省水利系统“创佳评差先进单位”和“年度目标责任考核先进单位”称号。各项中心工作都走在了全省水利系统的前列。

针对渭河治理中的疑难问题，陕西省江河局充分发挥“参谋”作用，先后编制出台了《渭河中下游过洪能力分析》、《陕西省渭河流域大中型水库错峰调度研究》、《渭河下游洪水应急分洪方案研究》、《渭河典型致灾洪水分析》、《渭河中下游重点险工河段河势演变分析》、《陕西省主要江河防汛查险抢险技术手册》等一系列科研成果，被应用到渭河防汛中。建立了防汛信息管理系统、工程建设管理系统、渭河中下游河道基础地理信息系统、渭河下游一维洪水演进数学模型演示系统以及管理局水情信息系统，加快了数字渭河的建设步伐。持续数年深入开展潼关高程抬升及三门峡水库运用研究，促使三门峡水库汛期畅泄，为库区和沿河人民谋求了最大利益。

面对这些骄人的业绩与荣誉，管理局局长周峰深有感触地说，这些成绩既是精神文明建设的成果，更是精神文明建设推动中心工作发展的结果。尤其是进入“十二五”以来，围绕创建全国文明单位目标，在陕西省水利厅党组的坚强领导下，该局紧紧围绕全省水利工作统一部署，以“渭河健康、环境改善、安澜惠民、持续发展”为指针，以积极服务渭河治理、全力保障渭河安澜为己任，加班加点完成了《渭河陕西段全线整治规划》，率先开展了以“赛质量、赛进度、赛安全、赛管理、赛创新、赛廉政、创建和谐团队”

成立渭河水文化研究会

的“六赛一和谐”活动，掀起了渭河整治工程建设新高潮，全面超额完成年度建设任务。扎实开展了“数字渭河”建设工作，编制完成了《陕西省“数字渭河”建设规划》和《渭河水量调度管理系统可行性研究报告》，为渭河治理与管理现代化提供了基础依据。而在“十一五”期间，陕西省江河局先后组织编报了30余项涉渭重大规划，实施完成了渭洛河下游治理、移民防洪保安等一批重大项目，累计完成工程总投资19.79亿元，初步建成了渭河下游防洪工程体系，其中标准化堤防135公里，河道示范工程36处，先后有4处工程被黄委评为黄河示范工程，两个河务局晋升为国家二级河管单位，两个河务局晋升为省一级河管单位。

全力加强渭河流域水资源管理工作，健全完善渭河水量调度协调协商机制和突发水事污染应急处置机制，实现了渭河连续五年不断流，在依法管河方面也取得了显著成绩，管理局先后荣获全省水利系统“五五”普法先进集体、陕西省依法行政先进单位和行政处罚案卷评查工作先进单位。

“大鹏一日同风起，扶摇直上九万里”。陕西省江河局将以获得全国文明单位为契机，发扬“勇于担当、敢打硬仗”的优良传统，以开阔的视野、科学的思维、战略的眼光推动渭河流域管理事业又好又快发展，为全省水利建设再上台阶作出新的贡献。

● 链接

陕西省江河水库管理局荣获省部级以上荣誉称号光荣榜

1. 2010年9月，陕西省江河局被中国农林水利工会全国委员会授予“全国水利系统模范职工之家”称号

2. 2010年5月，陕水集团第四工程公司被水利部、团中央联合命名为“全国青年文明号”

3. 2010年9月，水环境设计院团支部被省直机关工委授予陕西省“青年文明号”称号

4. 2010年9月，大荔河务局被黄河水利委员会评为“黄河工程管理工作先进单位”、华阴河务局工管科被评为“黄河工程管理工作先进集体”

5. 2011年12月，陕西省江河局被中央精神文明建设指导委员会授予“全国文明单位”

6. 2011年6月，陕水集团第四工程公司被水利部、团中央联合命名为“全国青年文明号”

7. 2011年9月，陕西省江河局受到陕西省防汛抗旱总指挥部通令嘉奖

8. 2011年9月，陕西省防汛抢险机动队受到陕西省防汛抗旱总指挥部通令嘉奖

9. 2011年1月，大荔河务局被陕西省总工会授予“陕西省模范职工小家”称号

滔海无垠情无边　文明之岛水长流

——青岛市水利局创建“全国文明单位”纪实

全国文明单位、全国水利工作先进单位、全国防汛抗旱工作先进单位、全国水政工作先进单位、全国水利移民后期扶持工作先进单位、全国水资源管理工作先进单位、全国水利建设质量管理先进单位……荣誉的背后，是青岛市水利局通过狠抓精神文明建设，推动全市水利事业的科学发展、率先发展、和谐发展的不懈努力。

全国节水灌溉示范市、全国水土保持工作示范市、全国水利现代化试点城市……2012年7月，水利部陈雷部长一行到青岛调研水利改革发展工作时，认为该市水利工作“领导重视，思路清晰，行

青岛市水利局严抓党风廉政建设

动迅速，措施有力，成效显著”……肯定、认可的背后，是青岛水利人在全市基本构建起了水资源保障、防洪除涝、农村供水、农田灌溉和水土保持五大工程体系，构筑起了“两手抓、两手硬、两提高、两促进”的良好格局，为全市经济社会又好又快发展提供了可靠的水利支撑和保障的卓越成绩。

科学的创建工作机制

为切实做到精神文明创建工作“年度有计划、季度有安排、月月有内容”，他们切实加强对创建活动的领导，健全了组织机构，确保组织领导到位。成立了由局党委书记、局长任组长，分管副局长任副组长，相关处室负责人为成员的精神文明建设工作领导小组，建立了主要领导亲自抓、分管领导靠上抓、机关党委总协调、基层单位抓落实的领导机制，同时，建立健全了督查、考核、投

青岛水流域景观

入、协同等长效机制，保证了创建工作的扎实开展。

有力的思想政治保障

思想政治工作优势的发挥，为精神文明创建工作提供了可靠的理论基础和导向。青岛市水利局高度重视理论武装工作，在全局深入开展了以党的路线、方针、政策为主要内容的学习；深入开展了创建学习型机关、推进学习型党组织建设，扎实推进社会主义核心价值体系建设，广泛开展群众性思想道德教育和实践活动，大力倡导“爱国守法、明礼诚信、团结友善、勤俭自强、敬业奉献”的道德规范，积极开展以“八荣八耻”为主要内容的社会主义荣辱观教育，大力弘扬胡锦涛总书记倡导的“八个方面的良好风气”，在全局上下形成了“爱岗敬业、开拓创新、诚实守信、办事公道、服务人民、奉献社会”的良好氛围。

丰富的创建活动内涵

认真开展系统文明单位创建工作。按照“抓典型、树形象、带行业”的工作思路，他们广泛开展了“学先进、树典型”活动，截至目前，全市水利系统共有5个单位获得全国水利系统文明单位称号，39个单位获得全省水利系统文明单位称号，同时命名表彰了58个全市水利系统文明单位。通过活动的开展，讲文明、讲礼貌、讲纪律、讲团结、讲奉献蔚然成风，“献身、负责、求实”的水利行业精神得到进一步弘扬。

扎实开展丰富多彩的创建活动。为丰富广大干部职工的业余生活，青岛市水利局机关建立了高标准的干部职工综合活动室、党校、老干部活动室。通过开展春季运动会、重大节日联欢会、水利工地一日劳动、创建文明工地、环境卫生评比、文明赢得尊重演讲比赛等活动，使干部职工树立了正确的世界观、人生观、价值观。干部职工在创建中受到了教育，陶冶了情操。

积极开展社会公益活动。他们把干好工作作为职工个人的“本分”，把支持社会、回报人民作为单位的社会责任。近几年来，局干部职工共为汶川地震灾区捐款239310元，为玉树地震灾区捐款37700元，为舟曲灾区捐款25100元，“送温暖、献爱心”活动捐赠衣被近万件（套）、捐款21000多元，“慈善一日捐”167501元，为残疾人福利基金会捐款16万元。

水利局组织开展防台风演练

扎实的创建工作举措

深入开展创先争优、深化“岛城先锋”党建品牌创建活动。他们以“为党争光、为民造福”为价值取向，以“科学发展、服务水利、改善民生”为主题，以“创建先进基层党组织、争当优秀共产党员”为主要内容，以争创“岛城先锋”党建品牌为总抓手，坚持从水利实际出发，以改革创新精神加强和改进新形势下的党建工作，充分发挥了基层党组织的战斗堡垒作用和党员的先锋模范作用，推动高绩效机关建设再上新水平。

扎实开展治理“慵、懒、散、慢、拖、瞒”行为工作。为牢固树立干部职工为社会、为基层服务的思想，增强工作透明度，提高服务质量和工作效率，该局坚持标本兼治、综合治理、惩防并举，扎实开展了从严管理干部活动，切实解决干部队伍中存在的“庸、懒、散、慢、拖、瞒”行为，进一步增强了机关工作的规范性，充分调动了干部职工干事创业的积极性，激发了开拓创新的能动性，干部职工责任感明显增强，机关精神面貌焕然一新。

加强党务政务公开工作。《青岛市水利局党的基层组织党务公开实施方案》明确了党务公开的指导思想、基本原则、主要内容以及公开的形式、时限和程序等，确定了37项公开目录，进一步拓宽了党员意见表达渠道，充分调动了广大党员的积

灌溉系统的完善给农民带来了实惠

极性、主动性和创造性；《青岛市水利局关于进一步推行政务公开及提高行政效率的实施意见》的制定实施，进一步增强了工作透明度，提高了工作效率，让社会、领导和群众更多地认识与了解了水利，为水利工作的长足发展争取了更多的帮助、理解和支持。

狠抓廉政和行风建设。青岛市水利局全面推行岗位廉政风险防控，坚持以规范权力运行为主线，以完善惩治和预防腐败体系为重点，构建起“以积极防范为核心，以强化管理为手段”的科学防控机制，实现了对权力运行的网络化管理和电子化监督，有效预防了腐败问题的发生。

丰硕的创建工作成果

扎实的精神文明创建工作，极大推动了全市水利事业的率先发

青岛市水利局组织开展学雷锋志愿者服务活动

展，各项水利工作取得显著成绩的同时，水利行业的对外影响力不断提高，行业形象不断提升。

农村饮水安全工作实现了突破性发展。全市村镇自来水普及率由“十五”末的66%提高到目前的96%。其中，规模化集中供水人口占全市村镇人口总数的63%。

病险水库除险加固工作基本完成。完成了333座小型水库和全部23座大中型水库除险加固任务，基本实现了水库无病险的目标，得到了各级领导和社会各界的充分肯定与广泛好评。山东省贾万志副省长批示：“各市书记、市长要认真学习青岛市的经验做法”。

库区移民后期扶持工作成效显著。截至目前，累计投资6.44亿元，实施库区移民村道路、供电等基础设施和发展生产项目2500项，并为12.4万名库区移民发放后期扶持直补资金4.1亿元。中央和青岛市两方面政策的同步实施，极大改善了库区移民的生产生活条件。

灌区续建配套与节水改造工程扎实推进。全市农田有效灌溉面积由“十五”末的445万亩提高到485万亩，其中节水灌溉面积达到240万亩，为全市农田结构调整、农业增产、农民增收做出了重要贡献。

回首过去，一项项工程铸就着青岛水利的丰碑，一块块奖牌诠释着青岛水利人的风采；展望未来，青岛水利人将以更加昂扬的精神，围绕实现人与自然和谐发展、生态文明明显进步、人人共享青山碧水的宏伟目标，努力谱写青岛水利的新篇章。

● 链接

青岛市水利局荣获省部级以上荣誉称号光荣榜

1. 2008年4月，被山东省人事厅、山东省水利厅（山东省人民政府）授予“全省水利工作先进集体”称号

2. 2008年12月，被山东省人民政府防汛抗旱指挥部授予“全省防汛抗旱工作先进集体”称号

3. 2009年1月，被中央精神文明建设指导委员会授予“全国精神文明建设工作先进单位”称号

4. 2009年7月，被山东省水利水电工程移民工作领导小组授予“2008年度全省水库移民信访工作先进单位”称号

5. 2009年12月，被山东省人民政府防汛抗旱指挥部授予“全省防汛抗旱工作先进集体”称号

6. 2010年5月，被山东省人民政府防汛抗旱指挥部授予“全省防汛抗旱工作先进集体”称号

7. 2010年7月，被山东省水利水电工程移民工作领导小组授予“2009年度全省水库移民信访工作先进单位”称号

8. 2010年11月，被山东省人民政府授予“全省防汛抗洪先进集体”称号

9. 2011年12月，被中央精神文明建设指导委员会授予“全国文明单位”称号

10. 2012年4月，被水利部授予“全国水利系统水资源工作先进集体”称号

后 记

2011年底，中央文明委表彰并授予水利系统长江水利委员会（机关）等14家单位第三批“全国文明单位”荣誉称号；黄河水利委员会（机关）等9家第二批“全国文明单位”全部通过复审，继续保持“全国文明单位”称号。

为大力宣传中央文明委表彰的新一批水利系统全国文明单位的先进经验，充分发挥全国文明单位在推进水利系统群众性精神文明创建工作中的典型示范效应和引导作用，在全系统营造学习先进、崇尚先进、赶超先进的浓厚氛围，2012年，部文明办组织开展了水利系统全国文明单位专项系列宣传活动：在中央文明办主办的中国文明网、水利部门户网站、《中国水文化》杂志开辟专题和专栏——《水利人的精神家园》，用文字、图片、视频等多种媒体全方位、多角度、立体式地全面展示水利系统23家全国文明单位的精神风采和水利文明创建工作的丰硕成果。与此同时，我们又将23家全国文明单位的先进事迹以及典型经验进行了集中整理，编辑了这本《水利人的精神家园——水利系统全国文明单位风采录》，文章按通过复审的第二批“全国文明单位”名单（9个）、第三批“全国文明单位”名单（14个）排序。由黄河水利出版社出版。由于编者的水平所限，本书一定存在许多不足之处，恳请读者批评指正。

借此机会，对所有给予这次专项宣传支持和帮助的各级领导、23家全国文明单位以及相关媒体的工作者，表示我们最诚挚的谢意！

编者

2013年7月